高等院校纺织服装类"十三五"规划教材

总主编　张祖芳

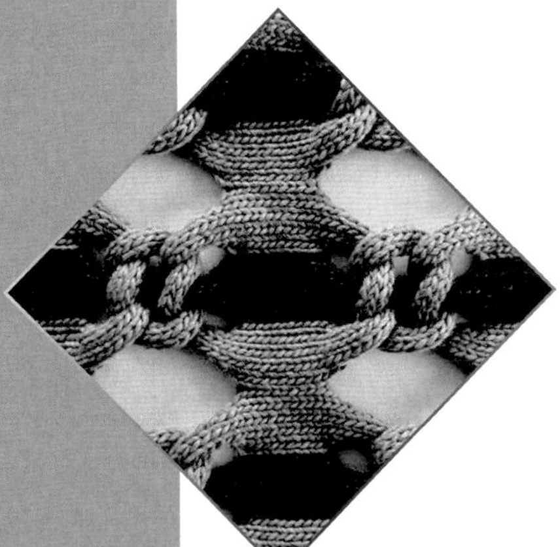

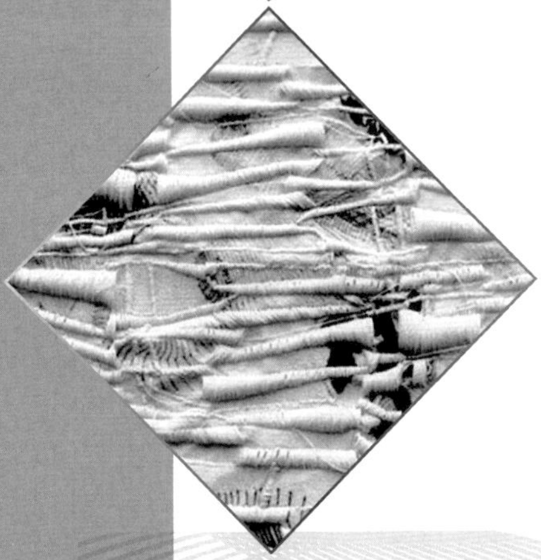

服装材料与应用

CLOTHING MATERIALS AND APPLICATIONS

主　编　陈　洁　濮　微
副主编　向　逸

中国海洋大学出版社
·青岛·

图书在版编目（CIP）数据

服装材料与应用 / 陈洁，濮微主编. — 青岛：中国海洋大学出版社，2021.2
ISBN 978-7-5670-2771-8

Ⅰ. ①服… Ⅱ. ①陈… ②濮… Ⅲ. ①服装－材料 Ⅳ. ①TS941.15

中国版本图书馆 CIP 数据核字（2021）第 019021 号

出版发行 中国海洋大学出版社
社　　址 青岛市香港东路 23 号　　邮政编码 266071
出 版 人 杨立敏
策 划 人 王　炬
网　　址 http://pub.ouc.edu.cn
电子信箱 tushubianjibu@126.com
订购电话 021-51085016
责任编辑 由元春　　电　　话 0532-85902495
印　　制 上海万卷印刷股份有限公司
版　　次 2021 年 4 月第 1 版
印　　次 2021 年 4 月第 1 次印刷
成品尺寸 210 mm×270 mm
印　　张 10.5
字　　数 238 千
印　　数 1～3000
定　　价 69.00 元

前言

服装材料一直以来都是服装学科的重要内容，无论是国内还是国外的高等院校，都将其定为服装专业的必修课程。其涉及的专业包括服装艺术设计、服装设计与工程、服饰品设计、染织设计等。此课程的教学目的，一方面是使学生掌握服装材料的基本特性、特征，以及在服装中的运用与发展；另一方面，则是为设计实践提供详尽的灵感来源。

作为一本理论类的教材，在内容和教学中容易出现的问题是理论性强，枯燥难懂，实践性欠缺。鉴于此，本书在编写的过程中，不仅注重内容上的严谨实用，在形式上也尽量生动活泼，以提高阅读与学习的趣味性和实用性。具体体现如下：

首先，在内容编写方面，大结构上采用倒叙的方式，从成衣开始层层剖析，从而直观地切入材料学习中。

其次，在保证教材理论严谨性的同时，用丰富的图片对相应的专业理论进行解释说明，增加服装材料的生动性与直观性。

最后，将服装材料的应用与服装结合进行描述，用大量的成衣图片进行材料的应用说明，从而增强服装材料的实际应用性分析与学习。

同时，在文中一些部分会加入小贴士，用来拓展相应的知识点，并将思考题的形式改为小组合作讨论的工作室（Workshop）形式，旨在通过合作讨论的形式理解掌握理论知识。

本书在撰写过程中，得到了许多企业前辈和友人的帮助，在此一并表示感谢。本套教材的总主编张祖芳教授以及其他的同行们，在多次的研讨会议中与我们展开热烈的讨论，给予我们很多的建议与灵感；GAP（上海）公司的产品经理王伟平女士，以及蒙地奥中国有限公司技术主管丁敏敏女士，不厌其烦地与我们讨论在实际生产中的种种需求和问题，从而使本书更贴合实际；各位编辑老师在此过程中，付出了极大的耐心与艰辛的努力，最终使本书得以呈现。

我们由衷希望，本书能为服装教育与生产的密切结合起到一点推动作用，并希望热爱服装事业的读者们能从本书中获得帮助。由于我们的水平有限，书中不当之处，也恳请广大读者给予批评指正。

编者

2020年9月

内容简介

本书大结构上采用倒叙的方式，从成衣开始层层剖析，直观地切入材料学习中，介绍了服装材料从纤维、纱线、面料到后整理等方面的理论与实际应用。本书突出的特色如下：保证教材理论性的同时，辅以大量图片，增加服装材料的生动性与直观性；将服装材料的应用与服装结合进行描述，增强服装材料的实际应用性；在书中的部分重点处或易混淆处加以小贴士，从而起到拓展知识点的作用；课后题采用小组合作讨论的工作室（Workshop）形式，旨在打开思路，增强实际操作能力。

参考课时安排

教学建议课时数：56课时

章　节	内　容	课　时	理论教学	课内实训
第一章	概述	4	2	2
第二章	织物的形成与应用	10	6	4
第三章	纱线的形成与应用	10	6	4
第四章	纤维的形成与应用	10	6	4
第五章	织物的染整与应用	10	6	4
第六章	服装辅料与其他服用材料	6	4	2
第七章	服装材料的创新与再设计	6	4	2

目录

第一章　概述

第一节　服装材料与服装

一、服装（Clothing）

从狭义上讲，服装是指人们穿在身上遮蔽身体和御寒的东西；从广义上讲，服装是衣服、鞋、帽的总称，有时也包括各种装饰物，但服装一般而言专指衣服。服装是覆盖人体、调节人体与环境关系的中介。

二、服装材料（Clothing Material）

服装材料包括服装的面料与辅料。在构成服装的材料中，除面料以外其余均为辅料。辅料包括里料、衬料、垫料、填充材料、缝纫线、纽扣、拉链、钩环、尼龙搭扣、绳带、花边、标识、号型尺码带以及示明牌等（图1-1-1至图1-1-6）。

小贴士：

两万年前的山顶洞人，已能制作精致的缝衣骨针，说明当时已有了缝制技术。

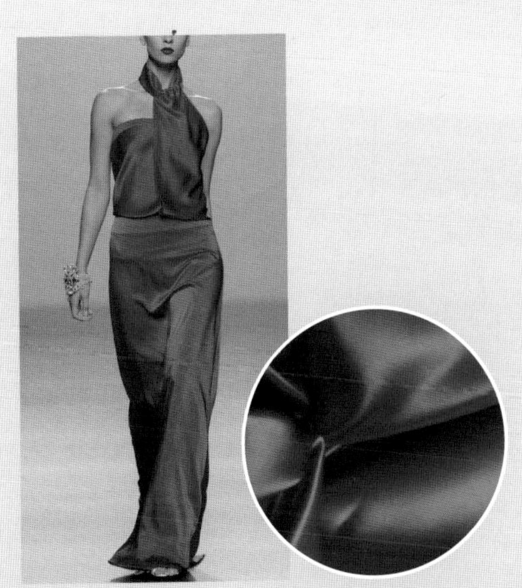

图1-1-1　服装面料

图1-1-2　服装里料

图1-1-3　缝纫线

图1-1-4　拉链

图1-1-5　花边

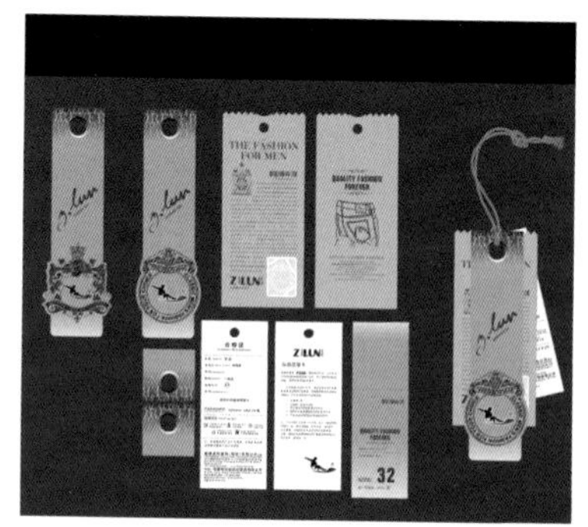

图1-1-6　标识

三、服装材料与服装的关系

（1）服装材料是服装设计的基本载体。

材料是服装设计的基础，服装设计师依靠材料来实现自己的构思，服装的款式造型、服装的色彩设计都依赖材料来实现。从人们学会运用纺织技术织布制衣开始，人类社会就从来没有停止过对纺织技术的研究以及服装面料的创作，并最终通过服装将其表现出来。所以服装面料的特性与服装设计有着直接的对应关系，它是服装艺术形态设计的基本要素，它为服装造型、结构设定提供了主要的可行性依据。例如，性质、结构及色彩不同的服装面料，由于其适用性不同，服装设计师将从视觉形态、人体工程、服装机能等方面考虑确定服装产品的设计定位及服装形态的结构形式。从这一点上讲，服装材料是服装设计的基础，它为服装设计做好充分的技术准备工作，使服装设计在其物质条件的基础上得以实现。

（2）服装材料是服装功能的保证。

人体穿着服装，需要达到一定的目的，这就是服装的功能所在。服装的功能是多方面的，既要满足人体生理、物理、心理上的需要，又要达到装饰、审美、标识的作用。因此服装材料应具有一定的覆盖能力、良好的卫生保健性能、适应穿着需要的变形能力、较好的付型效果、相当的使用寿命以及良好的可加工性能，这样才能满足服装的多方面的需求。

（3）服装材料的选择会影响服装外观效果。

服装材料是服装风格的体现。服装设计的三大要素分别是色彩、造型和材料。没有合适的面料就不能塑造出好的服装造型。选择面料是一个很重要的环节，其直接影响到服装设计的最终效果。设计者可将具体材料的某种特性加以提炼、升华，从而对设计理念进行表达，而设计师往往又是根据面料的特性进行抽象创作，丰富充实构思概念，最终完成设计。

第二节　材料外观与服装设计

材料外观直接影响服装设计的最后效果，在一定程度上决定了服装的设计风格、服装轮廓以及垂感。

一、材料外观与服装风格

服装材质是塑造服装风格的载体，不同的服装材料体现不同的服装风格。相同款式、相同色彩的服装，分别用棉布、蕾丝、丝绸、皮革、涂层等面料来完成，风格是截然不同的。在混合多种材质的服装中，每一种材质都具有它独特的特点（图1–2–1至图1–2–4）。

图1–2–1　全棉牛仔面料服装

图1–2–2　真丝乔其纱面料服装

图1–2–3　蕾丝面料服装

图1–2–4　皮革面料服装

二、材料外观与服装轮廓

通常厚重的面料因为其本身具有一定的厚度，即使是合体型服装，也会增加人体的体积和表面厚度，从而使服装的廓形产生膨胀感，尤其是呢绒类、皮草类材料。坚实挺括的面料以其硬朗的线条取代人体的轮廓，着装后使人体的轮廓更直率、硬朗。深色的、有弹性的面料则会使服装的廓形产生收缩感，如黑色的莱卡面料极富收身、塑形效果。有光泽质地的面料能够以它的光泽梯度变化唤起人们对人体轮廓的注意。镂空材料会使服装廓形呈现虚实交错的视觉效果。层层叠叠的透明薄纱，则会使轮廓产生朦胧的、柔和的层次感，使外轮廓看起来更浪漫，更有魅力（图1-2-5至图1-2-8）。

图1-2-5　厚重面料使服装廓形产生膨胀感

图1-2-6　挺括面料使服装廓形硬朗

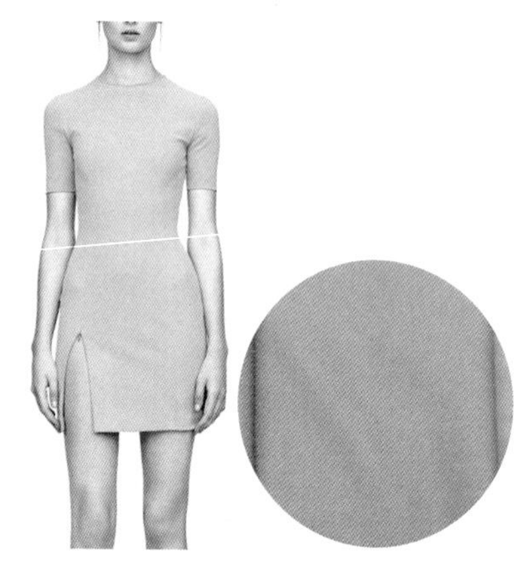

图1-2-7　弹力面料使服装廓形产生收缩感

图1-2-8　透明薄纱使服装轮廓产生柔和的层次感

三、材料外观与服装垂感

采用轻薄悬垂的面料制作的服装，给人以流动的美感，更显得洒脱飘逸，如雪纺贴身且飘逸、悬垂，是体现女性柔和、性感的首选。而垂感不强的材料用在服装中，则显得温暖厚实。通常修身合体型的服装、表现女性柔美风格的服装多采用垂感强烈的材料；而需要表现洒脱、大气风格的服装多采用垂感一般、质地较厚实、坚挺的材料（图1-2-9至图1-2-12）。

图1-2-9　轻薄悬垂的面料体现女性柔美

图1-2-10　悬垂性好的面料观感更加修身

图1-2-11　厚实坚挺的面料体现大气洒脱的风格

图1-2-12　垂感不强的面料更显温暖厚实

第三节　材料内在与服装设计

材料的内在体现在给人体带来的适用性、舒适性，也称为宜人性。服装是人体的外包装，对于人而言，服装是人的外部环境，主要受到自然环境和社会环境的影响。而按照人体需求的层次，服装功能划分为以下几个方面。

一、遮羞功能

这是人体最基本的需求，也是服装起源的根本之一。在文明社会，裸露身体会令人感到羞涩，若服装穿着不当或穿着不符合场合、时宜，也会引起人们的羞涩心理，构成服装的衣料具有包覆身体和遮羞的作用（图1-3-1至图1-3-3）。

图1-3-1　原始社会用兽皮遮羞是服装的起源

图1-3-2
古希腊服装用面料遮蔽人体

图1-3-3
当今服装更立体地包覆人体

二、实用功能

这是人体最重要的需求（图1-3-4至图1-3-6），它包括如下功能。

（1）调节体温。

适当增减、调整服装，一方面可以保持体温恒定；另一方面可以适应温、湿度变化，使人感觉舒适，满足人体的生理卫生需要。这就要求服装的款式和材料具备防寒保暖、隔热防暑、吸湿透气、防雨防风等功能。

图1-3-4　防寒保暖功能服装

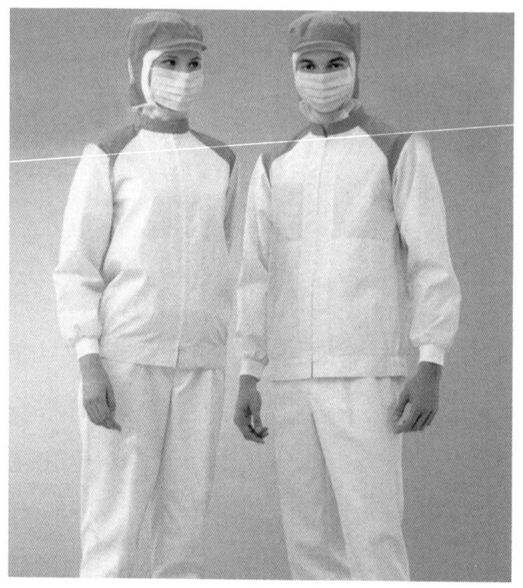

图1-3-5　防辐射防护功能工作服

图1-3-6　柔软有弹性的运动服装

（2）保护身体。

使皮肤和肌体不受外界污染，防止机械外力、化学药品、辐射、火焰等伤害，要求服装的材料具备耐用、防毒、防火、防辐射、防污、无刺激等功能。

（3）适应活动。

使人体活动自如，无束缚感，适应正常动作和环境，是一种物理需求，特别是工作服和运动服。礼仪服装对此要求则比较低。根据需要，不同的服装其材料应具备相应的弹性、强度、柔软度等，轻重适度，压迫感小。

三、装饰、标识功能

这是人的高层次需求，穿着服装不仅要在生理、物理上舒适、满足，还要在心理上舒适、愉快，在精神上得到享受，给人以美感。从服装产生至今，随着社会的发展，穿着服装的目的也在发生变化，它的装饰、审美、礼仪、标识等作用也愈来愈突出。因此，一种服装材料，不仅要具备实用性，还要具备审美性和装饰性（图1–3–7）。

上述所有功能都不会凭空产生，必须由款式结构、材料性能和穿着方式共同作用，通过服装材料予以体现。当服装的款式结构和穿着方式一定时，服装材料对服装的功能起决定性作用。

图1–3–7　具备审美性和装饰性的服装

Workshop

4～5人为一组，各自选取衣柜中的一件衣服，探讨面料对自身穿着的影响体现在哪些地方。

第二章　织物的形成与应用

第一节　织物与服装

一、织物与服装的关系

纺织织物的设计是服装面料形成的关键。织物设计要根据服装风格和穿着要求确定织造方式，对面料进行全方位的设计，使生产的面料符合服装外观和内在性能的要求（图2–1–1）。

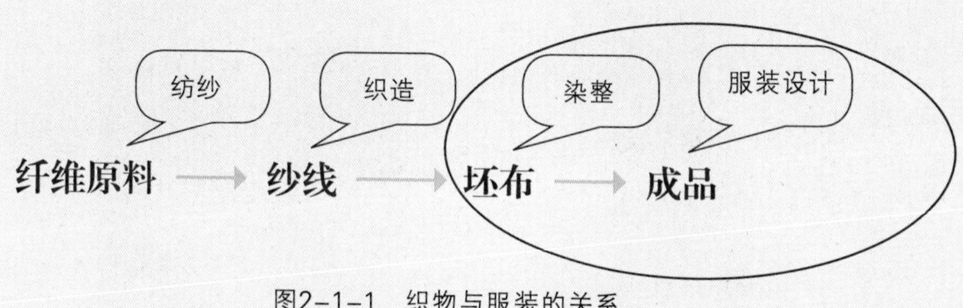

图2–1–1　织物与服装的关系

二、织物（Fabric）

织物是由纤维或是纱线制成的，具有一定几何尺寸和一定力学性能的片状物。

三、织物的分类

按织造方法不同，可将织物分为机织物、针织物和非织造布等，相应的织造方式分别为经纬交织、线圈串套与（纤维）黏合等（图2–1–2至图2–1–10）。

图2-1-2　机织物服装

图2-1-3　针织物服装

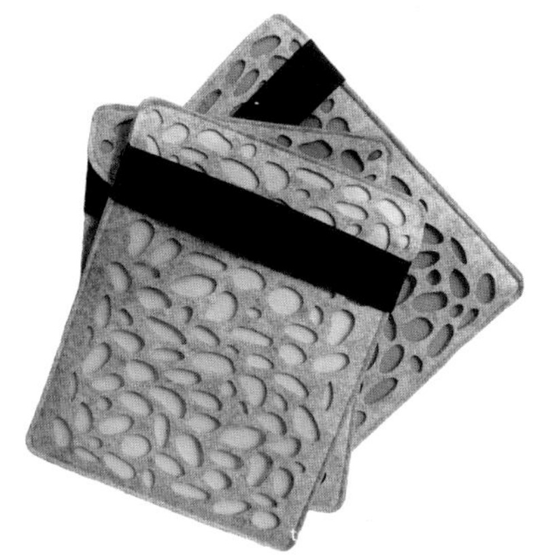
图2-1-4　非织造布饰品

图2-1-5　机织面料

图2-1-6　针织面料

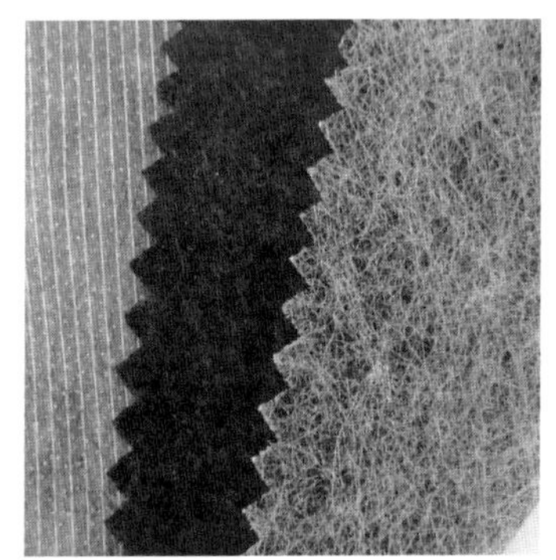
图2-1-7　非织造布

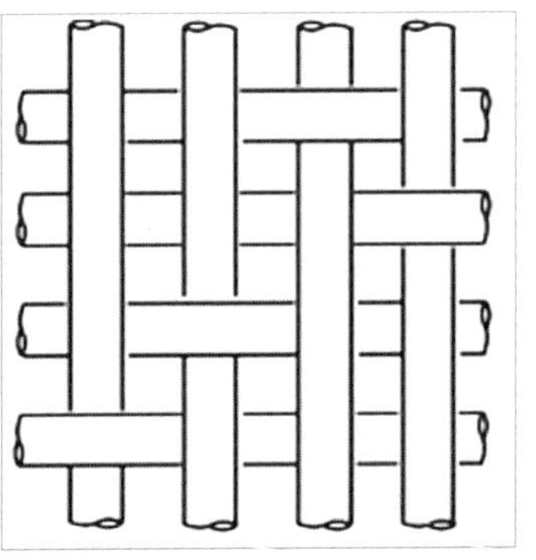
图2-1-8　机织物组织

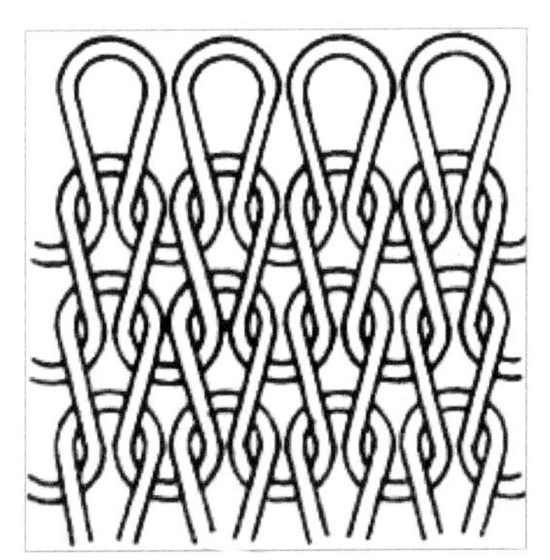
图2-1-9　针织物组织

图2-1-10　非织造布组织

第二节 机织物

一、机织物的基本概念

1. 机织物（Woven Fabric）

机织物是指由经纱和纬纱在织机上按照一定的规律交织而成的纺织品。其中平行于织物长度方向布边的纱线称为经纱，垂直于布边、平行于宽度方向的纱线称为纬纱（图2-2-1、图2-2-2）。

图2-2-1 机织物

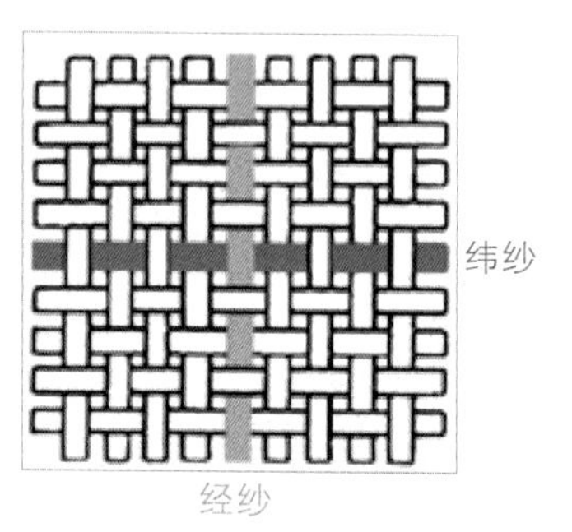

图2-2-2 机织物经纬方向

小贴士：

机织技术的发展已有5000多年的历史，经历了原始织布、普通织机、自动织机、无梭织机等阶段。

2. 机织物结构

机织物的结构是外表呈平面型板状，经纬两向结构重复，垂直向一般结构单一，但也可以是几层。经纬纱线交织成网状，既有覆盖，又有空隙，并有一定的厚度（图2-2-3）。

图2-2-3 机织羊绒服装

3. 机织物特点

机织物最大的特点是结构稳定、外观挺括、结实耐穿、品种丰富，在服装中运用最多。

4. 机织物应用

机织物适合各类服装，特别是衬衫和外套。

5. 机织物构成三要素

机织物组织、经纬纱线密度和经纬密度是机织物构成、互相制约的三要素。

二、机织物组织的类别及特点

机织物中经纱与纬纱相互交织的规律称为机织物组织。织物组织对织物的结构、外观风格及其物理机械性能有很大影响。

平纹组织、斜纹组织和缎纹组织是机织物的“三原组织”。

1. 平纹组织（Plain Weave）

（1）定义。

平纹组织是指经纱和纬纱以一上一下的规律交织而成的织物组织。平纹组织是三原组织中最简单的一种（图2-2-4、图2-2-5）。

图2-2-4　平纹组织面料

图2-2-5　平纹织物组织图

小贴士：

经纬纱线相交处，称为组织点。织物的组织都是以一个基本单元为基础，不断重复而构成的，这个基本单元称为一个完全组织或组织循环。

（2）性能特点。

① 平纹组织由两根经纱与两根纬纱构成一个组织循环。平纹组织的正反面外观相同，经纬纱之间的交织点最多。

② 平纹组织浮长最短、交错次数最多，织物平整、紧密、反光差。

③ 以平纹组织为基础，能演化出多种平纹变化组织，如经重平、纬重平和方平组织等。

（3）外观风格。

平纹织物平整、紧密、浮长短、反光差、不易摩擦拉毛起球等。

（4）组织应用。

平纹组织的应用范围极为广泛，如棉织物的平布和府绸、毛织物中的凡立丁和派力司、丝织物中的塔夫绸和电力纺、麻织物中的夏布和一般麻布都是平纹组织织物。平纹组织可以把面料做得很薄，因此夏季服装中平纹组织面料用得最多（图2-2-6至图2-2-9）。

小贴士：

如果1根经纱浮在2根或多根纬纱上不发生交织，就称为经浮长（纬浮长同理），意为“浮在上面的长度”。浮长数等于浮过的纱线根数，即连续相同的组织点个数。

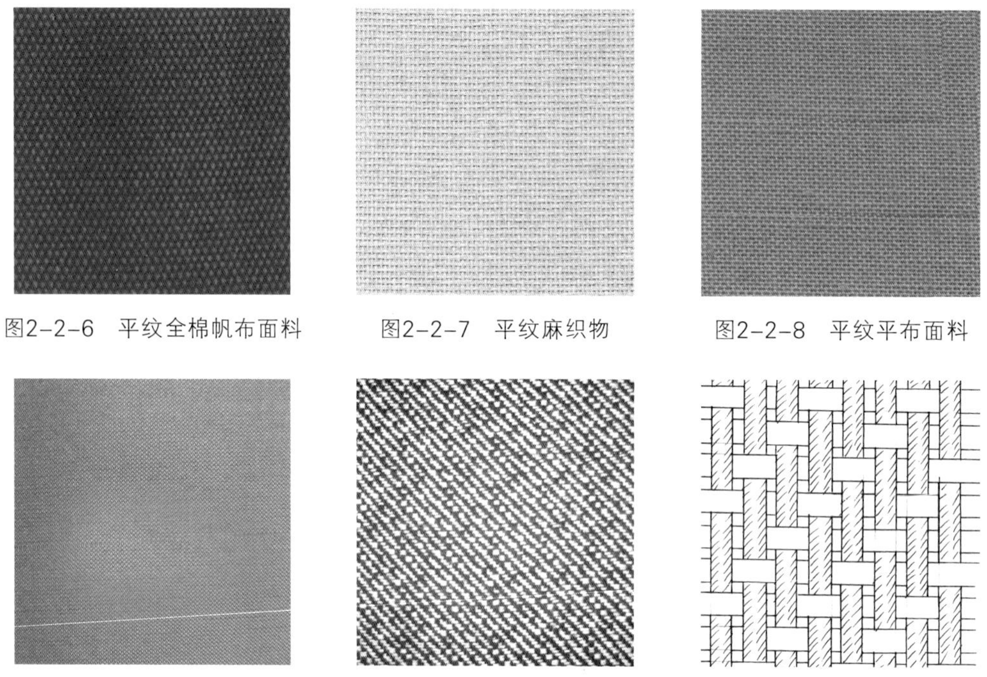

图2-2-6　平纹全棉帆布面料　图2-2-7　平纹麻织物　图2-2-8　平纹平布面料

图2-2-9　平纹电力纺面料　图2-2-10　斜纹组织面料　图2-2-11　斜纹组织图

2. **斜纹组织（Twill Weave）**

（1）定义。

斜纹组织是指相邻经（纬）纱上连续的经（纬）组织点排列成斜线、织物表面呈连续斜线织纹的织物组织（图2-2-10、图2-2-11）。

（2）性能特点。

① 斜纹组织与平纹组织相比，具有较大的经（纬）浮长，因而在相同线密度和经纬密度下织物的结构较为松软，配置较大的经纬密度才能得到结构紧密的织物。

② 斜纹组织有经组织点占多数的经面斜纹、纬组织点占多数的纬面斜纹和经纬组织点相等的双面斜纹三种。

③ 斜纹组织浮长比平纹长，交错次数比平纹少，织物比平纹柔软、饱满，反光比平纹好，织物表面有明显的斜向纹路。

④ 在斜纹组织的基础上变化，可演化出多种斜纹变化组织。如加强斜纹组织、复合斜纹组织、角度斜纹组织、山形斜纹组织、破斜纹组织等。

（3）外观风格。

斜纹织物表面有明显的斜向纹路，面料比平纹的略显厚、松、饱满，手感较丰满，反光比平纹稍好，但比平纹易起毛、起球等。

（4）组织应用。

斜纹组织的应用较为广泛，如棉织物中的斜纹布、卡其布，毛织物中的哔叽、华达呢、海力蒙，丝织物中的斜纹绸、美丽绸等都是斜纹组织织物。斜纹织物在春秋季服装中应用得比较多（图2-2-12至图2-2-17）。

小贴士：

在三原组织——平纹、斜纹、缎纹组织基础上进行的一般变化而得到的织物组织，称为变化组织，如文中提到的加强斜纹组织、加强缎纹组织等。

图2-2-12 斜纹卡其面料

图2-2-13 斜纹牛仔面料

图2-2-14 斜纹哔叽面料

图2-2-15 斜纹海力蒙面料

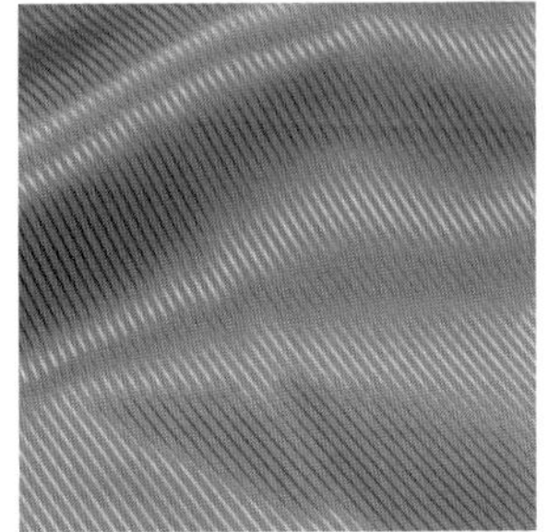

图2-2-16 斜纹美丽绸面料

图2-2-17 斜纹领带绸面料

3. 缎纹组织（Satin Weave）

（1）定义。

缎纹组织指相邻两根经纱或纬纱上的单独组织点均匀分布、但不相连续的织物组织。

缎纹组织分为经面缎纹和纬面缎纹两种。它是三原组织中最复杂的一种。缎纹组织中的单独组织点由两相邻的经纱或纬纱的浮长所遮盖。其织物表面平滑、匀整，质地柔软，富有光泽，没有清晰的纹路（图2-2-18、图2-2-19）。

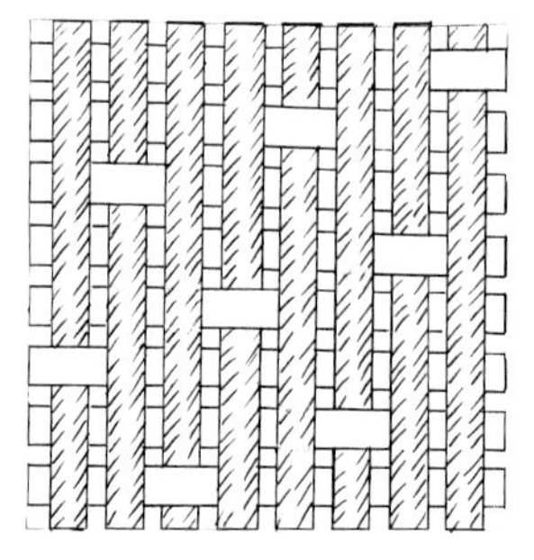
图2-2-18 经面缎纹组织图

图2-2-19 纬面缎纹组织图

（2）性能特点。

① 常用的缎纹组织循环纱线数为5、8、12、16等，组织循环纱线数越大，织物表面的纱线浮长越长，光泽就越好，织物就越松软，坚牢度就越差，一般配置较大的经纬密度。

② 有些性能因经缎和纬缎不同而有所差别，经面缎纹织物的表面多数由经纱浮长所覆盖，且经密大于纬密，约为5∶3，如直贡呢、素缎等；纬面缎纹织物的表面多数由纬纱浮长所覆盖，且经密小于纬密，约为2∶3，如横贡缎等。为了使缎纹织物柔软，常用捻度较少的纱线。

③ 缎纹组织浮长最长，交错次数最少，织物柔软，一般要配置较高的经纬密度，反光最好。

④ 以缎纹组织为基础可演变出许多缎纹变化组织，如加强缎纹组织、变则缎纹组织、重缎纹组织等。缎纹组织与其他组织结合，可构成缎条府绸、缎条手帕等织物。

（3）外观风格。

缎纹织物表面无明显纹路，但光泽特别好，织物手感细腻，具有高档面料的感觉。缎纹浮长较长，织物容易钩丝或拉毛起球等。

（4）组织应用。

缎纹组织的应用较广，如棉织物中的横贡缎、毛织物中的驼丝锦。丝织物中缎纹组织应用最多，“缎”曾作为丝织物的泛称，有各种经面缎、纬面缎、素缎、花缎等，品种不胜枚举（图2-2-20至图2-2-23）。

图2-2-20
缎纹驼丝锦面料

图2-2-21
缎纹横贡缎面料

图2-2-22
缎纹真丝素缎面料

图2-2-23
缎纹素绉缎面料

4. 联合组织（Combined Weave）

（1）定义。

联合组织是指两种或两种以上的原组织或变化组织按照一定的方式联合而成的组织。有绉组织、凸条组织、模纱组织（或称透孔组织）、蜂巢组织和网目组织、方格组织、树皮组织等。

（2）外观风格。

① 绉组织：按照一定的方式联合两种或两种以上的原组织或变化组织，利用浮长不同的经、纬纱交错排列，使织物表面产生颗粒状凹凸不平的绉效应，这种联合组织称为绉组织。绉组织一般采用同面组织，经纬纱粗细与紧度接近，经纬浮长控制在3根之内，以避免同类组织点群聚，并防止布面呈现明显的纹路。绉组织可以用于制织绉纹呢、花绉等，葡萄绉是绉组织极具代表性的品种（图2-2-24）。

② 凸条组织：以一定方式把平纹或斜纹与平纹变化组织组合而成的织物组织。其织物外观具有经向的、纬向的或倾斜的凸条效应。凸条表面呈现平纹或斜纹组织，凸条之间有细的凹槽。棉织物中的灯芯条和毛织物花呢中的凸条花呢等都是用凸条组织制织的，织物富有凹凸立体感，丰厚柔软（图2-2-25）。

③ 模纱组织：把平纹、平纹变化组织或两种平纹变化组织相应组合起来的织物组织。用这种组织制织的织物表面有均匀的小孔，与纱罗织物类似，故又称透孔组织或假纱罗组织。模纱组织结构不及纱罗组织稳定，但织造比纱罗组织简单。模纱组织的织物具有良好的透气性，适宜做春、夏季衣料。如用粗细不同的纱线制织或与平纹组织相结合，织物表面便有花式透孔效应（图2-2-26）。

图2-2-24　绉组织面料

图2-2-25　凸条组织面料

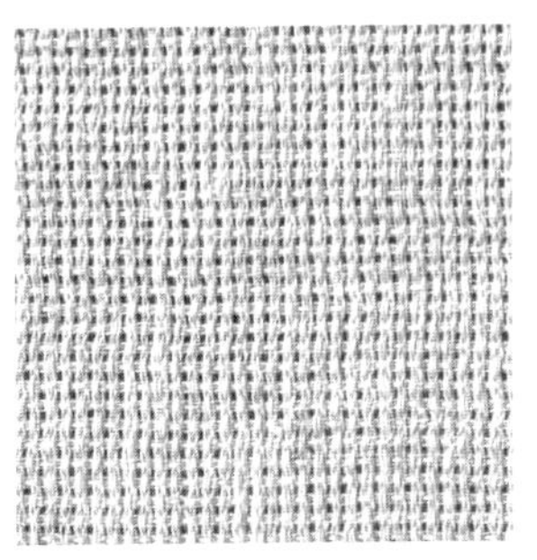
图2-2-26　模纱组织面料

④ 蜂巢组织：由斜纹变化组织与长短不等的经、纬纱浮长按照一定方式组合而成的织物组织。蜂巢组织的巢孔底部是平纹组织，四周由内向外依次加长经纬线的浮长直至巢边，组织结构逐渐变松，巢边纱线被托高，形成中间凹、四周高的蜂巢花型。用蜂巢组织织成的中厚型织物立体感强、手感松软、保温性好，可做各种花式服装面料，也可做围巾、床罩等（图2-2-27）。

⑤ 网目组织：以平纹组织为地，在经、纬向分别间隔地配置单根或双根交织点的平纹变化组织，其变化规律是交织点较少的经纱或纬纱浮现在织物表面呈扭曲网络状，故称之为网目组织。网目组织

有经纱扭曲的经网目组织和纬纱扭曲的纬网目组织。用粗号纱做网目经或网目纬，能增强网目扭曲的外观效应。网目组织织物多用于各种衣料或装饰面料（图2-2-28）。

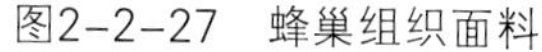

图2-2-27　蜂巢组织面料

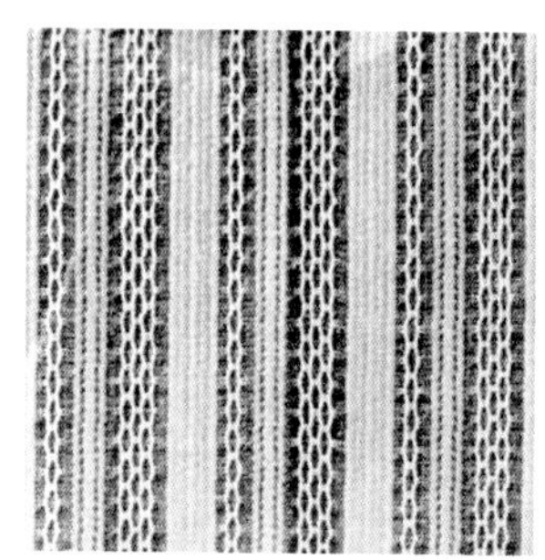

图2-2-28　网目组织面料

（3）列举织物。

联合组织织物有毛织物中的女衣呢、马裤呢、眼睛呢、蜂巢呢等；棉织物中的麻纱、树皮绉、葡萄绉、华夫格等；绢纺织物中的柳条绉、灯芯条等（图2-2-29至图2-2-34）。

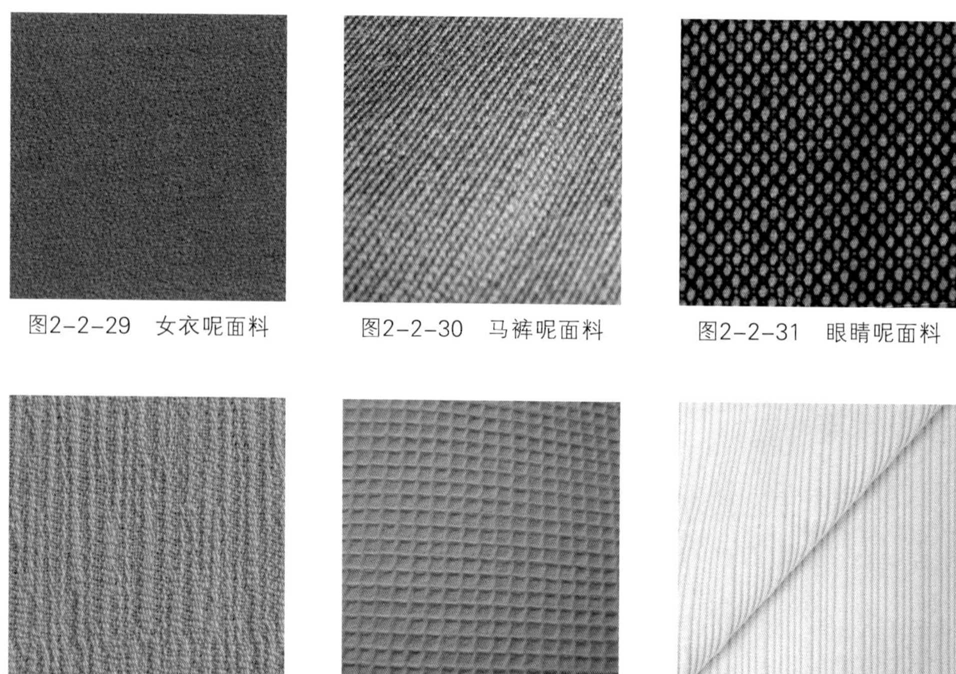

图2-2-29　女衣呢面料

图2-2-30　马裤呢面料

图2-2-31　眼睛呢面料

图2-2-32　树皮绉面料

图2-2-33　华夫格面料

图2-2-34　灯芯条面料

5. 复杂组织（Complex Weave）

（1）定义。

复杂组织是指经、纬纱中至少有一种为两个或两个以上系统的纱线组成的组织。其包括二重组织和多重组织、双层和多层组织（管状组织、双幅织和多幅织组织、表里换层和接结双层组织等）、起绒组织（经起绒组织和纬起绒组织）、毛巾组织和纱罗组织等。复杂组织的织物结构、织造和后加工都比较复杂。

毛织物中的牙签条花呢，用的是经二重组织；拷花大衣呢是双层组织；毛毯呢是纬二重组织；丝织物的锦、缎、绒等大多数采用的是复杂组织；棉织物中的灯芯绒采用的也是复杂组织。

（2）外观风格。

复杂组织织物一般较厚，外观特别，有的两面外观不一，比如一面格子、一面素色，一面斜纹、一面缎纹等；有的表里交替，一个单元大格、一个单元细格，一个单元素色、一个单元条纹等；有的经纱两组、纬纱一组；有的经纱一组、纬纱两组等。

（3）列举织物。

复杂组织织物有牙签条、缎背华达呢、双面呢、双层格布、双层提花面料、真丝双层织物、三层织物、换层格布等（图2-2-35至图2-2-38）。

图2-2-35　双层提花面料1

图2-2-36　双层提花面料2

图2-2-37
双层色织格纹面料

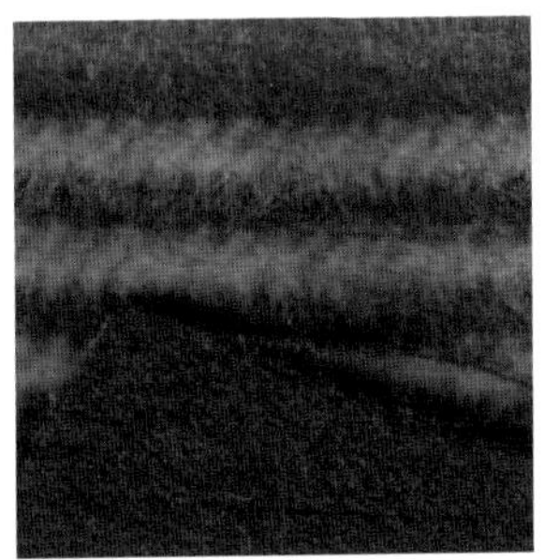

图2-2-38　双面呢面料

6. 提花组织（Jacquard Weave）

（1）定义。

提花组织是指通过变化机织物纱线的运动规律，来获得不同花纹图案的织物组织。提花组织有大提花组织和小提花组织等。

（2）外观风格。

提花组织织物由于是纱线运动规律形成的花纹图案，所以织物立体感特别强，花纹凹凸、反光交错，有较强的视觉感染力。中国古代传世的各种丝制品，大多是提花织物。

（3）列举织物。

如棉织物中的大提花沙发布、大提花高级台布、小提花衬衫面料、大提花时装面料等；毛织物中的大提花女装面料、小提花套装面料等；丝织物中的织锦缎、提花软缎、大提花被面等，都是非常有名的提花品种。提花面料有素色的，也有彩色的（图2-2-39至图2-2-44）。

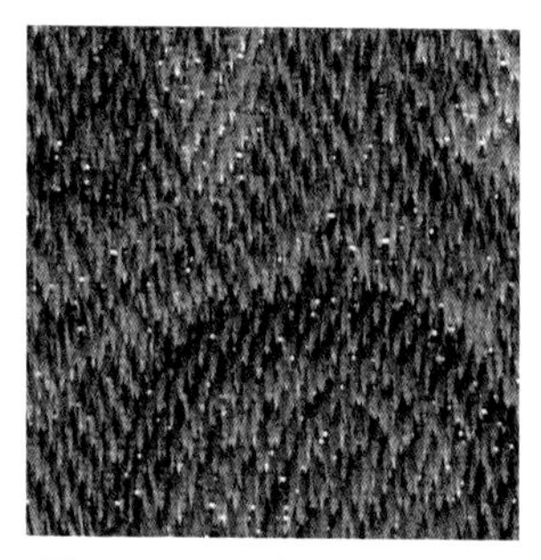
图2-2-39　大提花沙发布

图2-2-40　大提花面料1

图2-2-41　大提花面料2

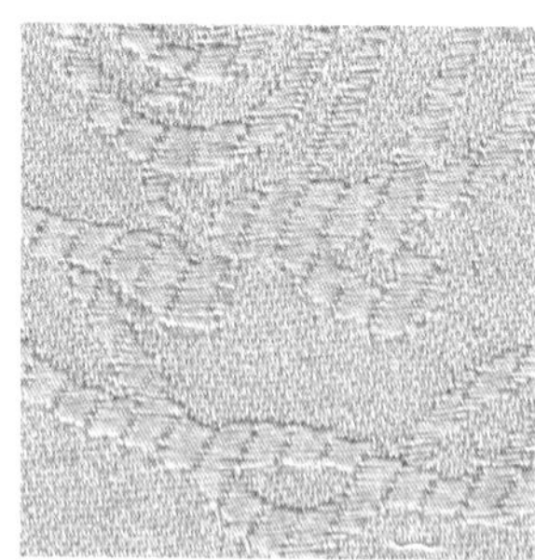
图2-2-42　大提花桌布

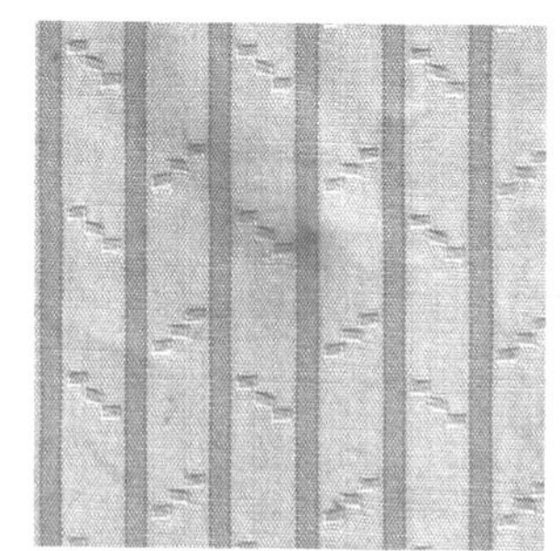
图2-2-43　小提花衬衫面料

图2-2-44　提花织锦缎面料

三、机织物规格

机织物规格是指织物的品名、原料成分、线密度、经纬密度、织物组织、成品重量、幅宽和匹长等织物的基本量化指标和信息，有的还包括织物的编号、总经等。机织物规格是我们解读织物性能、品质的重要参数。

1. 品名

品名是指织物的名称，表达织物的基本特征。

如平布、府绸、华达呢、啥味呢、哔叽、电力纺、双绉等。

平布和府绸都是平纹组织的棉织物，平布平整柔软，经密和纬密相同或相似，线密度跨度较大，有粗平布和细平布等多种；府绸紧密、细腻、光泽好，经密远大于纬密，织物表面有经纱挤压形成的菱形颗粒，线密度一般较小。

从品名中，我们可以知道织物的基本特征，但同一品名的织物，规格还是会存在很大的不同。

2. 原料成分

标明织物采用的纤维原料种类及它们的配比等。通过“原料成分”的信息，了解面料的性能特点，如吸湿性能、透气性能、保暖性能、安全卫生性能、抗起毛起球性能、缩水性能、弹性、静电、化学性能等织物的内在性能和不同原料面料的外观特征等。

如100%棉、65/35涤棉、55/45亚麻棉、100%澳毛、95真丝/5莱卡……

95真丝/5莱卡是一款有弹性的真丝面料，柔软亮泽，舒适透气，不易霉蛀，有保健功能，弹性好，悬垂性好，但洗涤时要轻柔。

小贴士：

在吊牌中，表示成分的方式如下：93%Cotton，7%Polyester，即面料中含有93%的棉，7%的涤纶。

3. 线密度

线密度是指织物经纱和纬纱采用的纱线种类及粗细。

如150D×150D、32S+32S/2×32S、45N×45N、18TEX×18TEX……

150D×150D是指长丝织物，经纬纱线的粗细均为150D。32S+32S/2×32S是指短纤织物，经纱有两种粗细不同的纱线，一种是32英支的单纱，一种是32英支的股线；纬纱一种，是32英支的单纱。

小贴士：

若出现如下表述32S+40D，则指的是经纱由两种纱线混纺，一种是32英支的单纱（如棉），一种是40D的长丝（如化纤）。

4. 经纬密度

经纬密度是指单位长度内，经纱和纬纱排列的根数，一般用根/英寸或根/10厘米表示。

如136×76根/英寸、68×58根/英寸，或者451×244根/10厘米……

136×76根/英寸，表示一英寸见方的面料中，经纱的排列根数是136根，纬纱排列的根数是76根；451×244根/10厘米，表示10厘米见方的面料中经纱的排列根数是451根，纬纱排列的根数是244根。

5. 织物组织

织物组织是指织物中纱线运动的规律。

如平纹组织、2上1下单面斜纹、2上2下双面斜纹、5枚缎纹、7枚缎纹等。

织物组织除了表达织物的外观结构，还体现组织的松紧。

平纹组织最紧密，双面斜纹比单面斜纹松，缎纹最松，但5枚缎纹比7枚缎纹紧。

在机织物中线密度、经纬密度和织物组织是构成机织物最重要的三大要素，三者是互相关联的，又是互相制约的。

比如织物的线密度比较小，说明纱线比较细，那么经纬密度就应该配置得比较高，否则，纱线细、密度又稀，织物就会变得没有身骨；组织比较紧（平纹），纱线也比较粗，经纬密度就要配置得低一些，否则，织造就很困难；如果要配置经纬密度要求高的织物，组织就要选择相对松一些的（浮长长、交错次数少的，或是复杂组织的），纱线要选择细一些的（线密度小一些的），这样的织物才合理。

6. 成品重量

成品重量是由织物的线密度、经纬密度、不同组织的织缩等数据计算出来的，是反映三者搭配情况的综合指标，也是计算织物用纱量的主要依据。

织物的成品重量常用克重来表示，国际贸易中有时也用每平方码盎司数表示。织物重量不仅与面料的厚薄有关，同时也是计算价格的主要依据。

一般棉织物的克重为70～250克/平方米；精纺毛织物的克重为130～350克/平方米；粗纺毛织物的克重为300～600克/平方米；薄型丝织物的克重为20～100克/平方米。

克重为195克/平方米以下的属轻薄织物，宜做夏令服装；克重为195～315克/平方米的属中厚型织物，宜作春秋季服装；克重为315克/平方米以上的属重型织物，宜做冬令服装。

7. 幅宽

幅宽是指织物门幅宽度，一般用厘米表示（国际贸易中有时用英寸表示）。织物的幅宽是根据织物的用途、生产设备的条件和节约原料等因素而定的。

一般来说，棉织物的幅宽为80～150厘米，一般以140厘米居多。近年来，随着服装工业的发展，宽幅织物的需求量增大，幅宽为106.5厘米、122厘米、135.5厘米的织物增多。无梭织机出现后，最大幅宽可达300厘米以上，幅宽在91.5厘米以下的织物有逐渐被淘汰的趋势。

精纺毛织物的幅宽一般为144厘米或149厘米；粗纺毛织物的幅宽为143厘米、145厘米和150厘米三种。长毛绒的幅宽为124厘米；驼绒的幅宽为137厘米。丝织物品种繁多，规格复杂，因此幅宽极不一致，一般在70～140厘米之间。麻织物夏布的幅宽为40～75厘米。上述织物的幅宽也包括相应的化纤混纺织物、交织织物以及纯化纤织物等。

8. 匹长

匹长是指一段织物的长度。一般用米（m）来表示（国际贸易中有时用码（y）来表示）。匹长主要根据织物的种类和用途而定，同时还要考虑织物的单位重量、厚度、卷装容量、搬运以及印染后整理和制衣排料、铺布裁剪等因素。

一般来说，棉织物的匹长为30～60米；精纺毛织物的匹长为50～70米；粗纺毛织物的匹长为30～40米；长毛绒和驼绒的匹长为25～35米；丝织物的匹长为20～50米；麻类夏布的匹长为16～35米等。

四、机织物的性能

织物的规格是构成织物的主要参数，不同的织物规格参数是不同的，织物规格不仅影响到织物的外观，更对织物的内在性能产生影响。

1. 织物的吸湿性能

除了原料的根本影响外，织物的紧密程度是一个重要原因，密度高的织物吸湿性能相对差一些，而密度低的织物吸湿性能相对要好一些。织物的紧密程度是线密度、经纬密度和织物组织相互配置的结果。

2. 织物的透气性能

除了原料、纱线捻度等原因外，织物的组织和经纬密度是其重要因素。如透孔组织、纱罗组织等能形成面料空隙的织物组织，以及排列相对较稀的经纬密度，都可以提高织物的透气性能。

3. 织物的柔软舒适性能

除了纤维的细度、纱线的捻度、织物的后整理因素外，织物纱线的线密度、织物组织和经纬密度也可影响到织物的柔软舒适性能。线密度越小，织物越柔软舒适；组织交错次数越少，织物越柔软舒适；经纬密度越小，织物越柔软舒适。

4. 织物的弹性和可塑性能

除了原料的因素外，织物的弹性和可塑性与纱线的捻度和线密度、织物组织和经纬密度都有一定的关系。捻度大弹性好，纱线粗弹性好，组织紧弹性好，经纬密度高弹性好等。

小贴士：

新版《国家纺织产品基本安全技术规范》（GB18401—2010）已于2012年8月1日正式实施，新标准更加关注纺织产品的安全性，从而对纺织服装企业的生产也提出了更高要求，健康环保成为纺织服装行业的必然趋势。

5. 织物的蓬松保暖性能

此性能与纤维的长度、梳理的工艺、纱线的捻度、织物的紧度、织物的后整理都有相应的关系。短纤比长丝蓬松保暖，粗梳比精梳蓬松保暖，捻度小的比捻度大的蓬松保暖，织物松的比织物紧的蓬松保暖等。

6. 织物的抗静电性能

原料的吸湿性能是最重要的因素，除此之外，与织物纱线形态、捻度、织物的蓬松程度等也有一定的关系。短纤、变形纱、花式纱线比长丝抗静电性能好，捻度小的纱线比捻度大的纱线抗静电性能好，织物松的比织物紧的抗静电性能好，斜纹的比平纹的抗静电性能好等。

7. 织物的缩水性能

织物的缩水性能与织物纤维原料的吸湿性能有直接的关系，此外，织物的规格对织物缩水率的大小有着一定的影响。机织物一般经向缩率比纬向缩率大，是因为机织物织造时经纱是绷紧的，而纬纱相对是松弛的；其次，一般织物经密比纬密高，经纱靠得拢，门幅方向缩率小，纬纱稀，长度方向缩率大。若原料相同，则密度大的比密度小的缩率小，经密大，门幅方向缩率小，纬密大，长度方向缩率小，且斜纹织物比平纹织物缩率大等。

8. 织物的抗起毛起球性能

织物的抗起毛起球性能除了与纤维原料的牢度、静电（吸湿性能）有直接关系外，与织物规格的多种因素也有关。纤维越短，越容易起毛起球；纱线捻度小，纤维抱合松，容易起毛起球；织物组织松、密度小、蓬松，容易起毛起球等。

小贴士：

织物表面毛羽多，容易被摩擦拉出，称为起毛；毛羽互相缠绕形成小球，称为起球。

五、机织物在服装中的应用

机织物因其特有的经纬结构，所以织物稳定，布面平整，面料身骨好，造型性能好，有坚牢、可靠、刚柔并蓄的外观风格（图2-2-45至图2-2-52）。

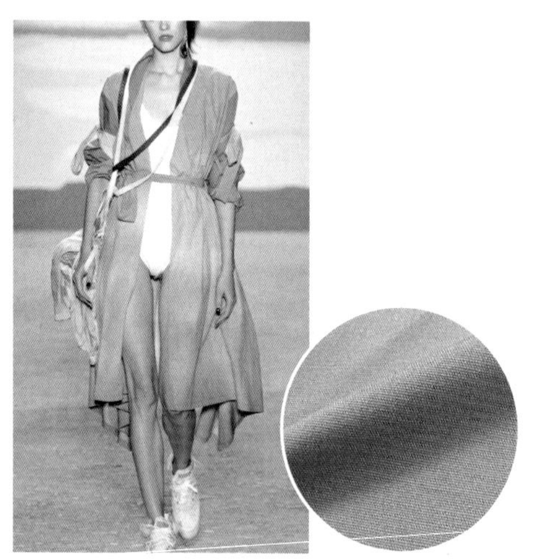

图2-2-45　全棉印花面料风衣

图2-2-46　全棉色织条格布服装

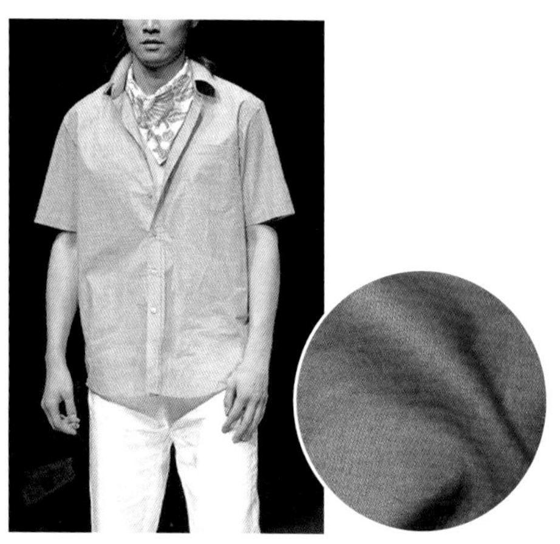

图2-2-47　亚麻面料服装

图2-2-48　亚麻面料裤装

图2-2-49　真丝厚缎面料服装

图2-2-50　真丝欧根纱面料服装

图2-2-51　粗花呢面料服装

图2-2-52　全毛哔叽面料服装

第三节　针织物

一、针织物的基本概念

1. 针织物（Knitted Fabric）

针织物是指用织针将纱线钩成线圈，再把线圈相互串套而形成的织物。

2. 针织物特点

针织物质地松软，除了具有良好的抗皱性和透气性之外，还具有较大的延伸性和弹性。

3. 针织物应用

针织物适宜于做内衣、紧身衣和运动服等。针织物在改变结构和提高尺寸稳定性后，同样可以做外衣（图2-3-1至图2-3-4）。

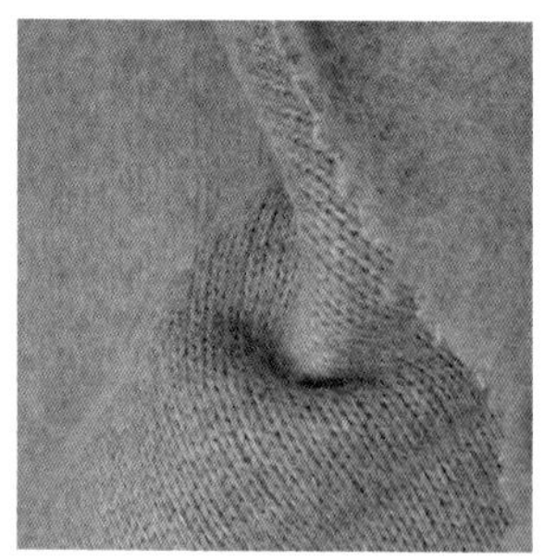
图2-3-1　纬编针织物

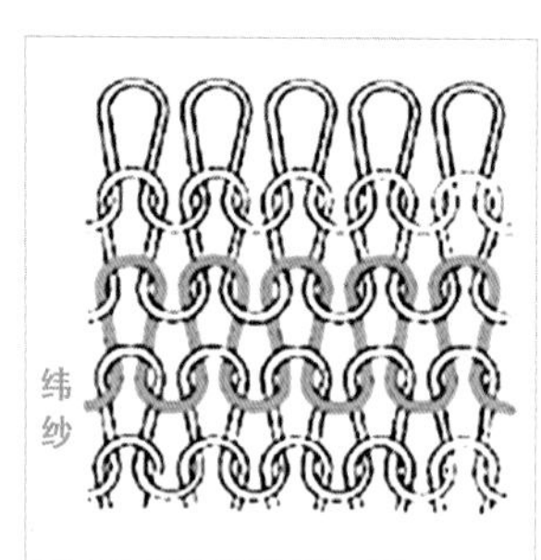

图2-3-2
纬编针织物基本结构

图2-3-3　经编针织物

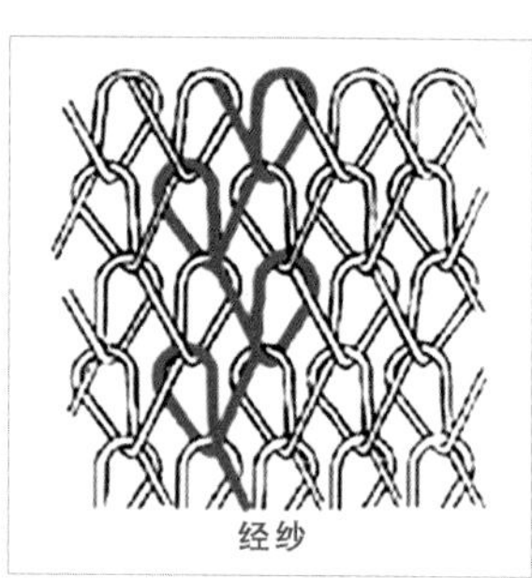

图2-3-4
经编针织物基本结构

二、针织物组织的类别及特点

针织物的织物特点是由其生产方式和结构组织决定的。针织物按生产方式分，可分为纬编针织物和经编针织物两大类；按线圈结构和相互间排列分，可分为基本组织、变化组织和花色组织。线圈形式又有正面线圈和反面线圈之分。

1. 纬编针织物（Weft Knitted Fabric）

纬编针织物是指它的横向线圈由同一根纱、线按顺序弯曲成圈而成。织物有单面和双面之分，一面为正面线圈，另一面为反面线圈的织物，称单面针织物；正面线圈和反面线圈混合分布在同一面的，称双面针织物。

基本组织是所有针织物的基础，由线圈以最简单的方式组合而成。纬编针织物的基本组织，按线圈结构和相互间排列分，有纬平组织、罗纹组织、双反面组织等。

（1）纬平组织。

纬平组织又称纬编平针组织，是最简单的组织。它是由连续的单元线圈相互串套而成，织物的正面平坦均匀并呈纵向条纹，反面有横向弧形线圈。

纬平组织在纵向和横向拉伸时，具有较好的延伸性，织物正面有平滑感；纬平组织由于正、反面线圈对光的反射作用不同，因此织物正面光泽比反面明亮；在编织过程中，纱线上的接头和棉结杂质易被滞留在织物反面，致使织物正面比较光洁。

纬平组织织物在某一线圈断裂时，容易造成散脱，裁片需要锁边。纬平组织织物有严重的卷边性，且尺寸稳定性差。

纬平组织广泛用于汗衫、袜子、手套等（图2-3-5至图2-3-8）。

图2-3-5　纬平针织面料1

图2-3-6　纬平针织面料2

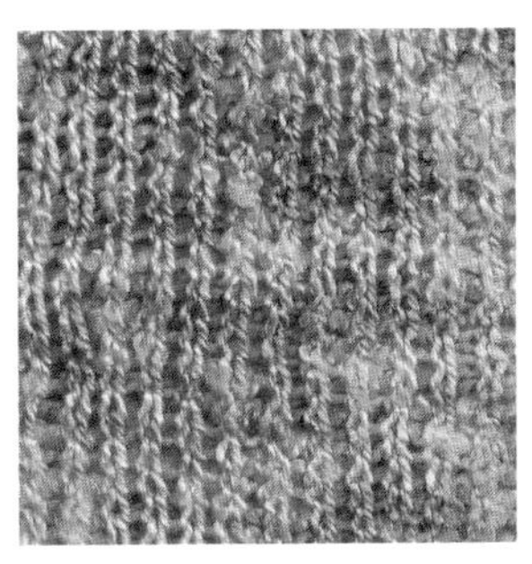
图2-3-7　纬平针织面料3

图2-3-8　纬平针织面料4

（2）罗纹组织。

罗纹组织也是纬编针织物的基本组织之一，是由正面线圈纵行和反面线圈纵行以一定的形式组合配置而成。罗纹组织的种类很多，通常用数字1＋1、1＋2、2＋2等分别代表正反面线圈纵行在一个完全组织中的组合状况。如1＋1罗纹组织，是指由一个正面线圈纵行和一个反面线圈纵行相间配置所构成；1＋2罗纹组织，是指由一个正面线圈纵行和两个反面线圈纵行相间配置构成，以此类推。

罗纹组织针织物在横向拉伸时，具有较大的弹性和延伸性，而且密度越大弹性越好；与纬平组织相比，罗纹组织不卷边，且不易散脱。

根据罗纹组织的特性，其常用于需要一定弹性的内外衣制品，如弹力衫、弹力背心、套衫袖口、领口和裤口等。

由罗纹组织派生出来的组织有很多，主要有罗纹空气层组织与点纹组织。罗纹空气层组织的横向延伸性较小，尺寸稳定性较高，具有厚实、挺括等优点。点纹组织又有瑞士式和法国式等，瑞士式结构紧密、延伸性小、尺寸稳定性好；法国式则有线圈纵行纹路清晰、表面丰满、幅宽较大等特点。这两种组织在针织外衣生产中得到广泛应用（图2-3-9至图2-3-12）。

图2-3-9
罗纹组织针织面料1

图2-3-10
罗纹组织针织面料2

图2-3-11
罗纹组织针织面料3

图2-3-12
罗纹组织针织面料4

（3）双反面组织。

双反面组织也是纬编针织物的基本组织之一，是由正面线圈横列和反面线圈横列相互交替配置而成。

双反面组织针织物比较厚实，具有纵、横向弹性与延伸性相近的特点，适宜做婴儿衣物及袜子、手套、羊毛衫等成形针织品。

在双反面组织基础上，可以编织很多带有不同花色效应的针织物。如按照花纹要求，在织物表面混合配置正、反面线圈，即可形成正面线圈凸起、反面线圈下凹的凹凸针织物；在提花组织的线圈纵行中配置正、反面线圈，即可形成既有色彩又有凹凸效应的提花凹凸针织物等（图2-3-13）。

变化组织是在一个基本组织的相邻线圈纵行间，配置另一个或另几个基本组织的线圈纵行而成。纬编针织物的变化组织有纬编变化平针与双罗纹等（图2-3-14至图2-3-17）。

图2-3-13
双反面组织针织面料

图2-3-14
纬编变化组织面料1

图2-3-15
纬编变化组织面料2

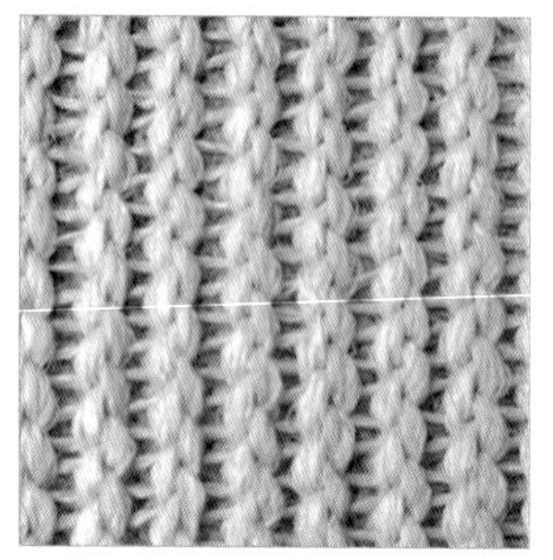
图2-3-16
纬编变化组织面料3

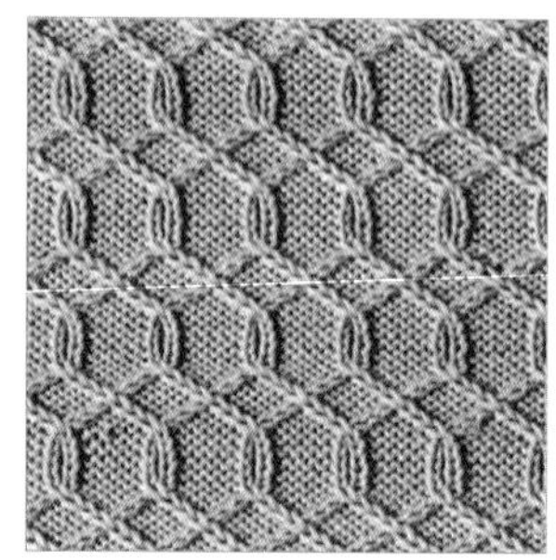
图2-3-17
纬编变化组织面料4

2. 经编针织物（Warp Knitted Fabric）

经编针织物是指横向线圈系列由平行排列的经纱组同时弯曲相互串套而成，而且每根经纱在横向逐次形成一个或多个线圈，也有单、双面之分。经编针织物的基本组织有编链组织、经平组织和经缎组织等。

（1）编链组织。

编链组织是经编针织物的基本组织之一。其特点是每一线圈纵行由同一根经纱形成，编织时每根经纱始终在同一针上垫纱。根据垫纱方式不同可分为闭口编链和开口编链两种形式。在编链组织中，各纵行间互不联系，纵向延伸性小，一般用它与其他组织复合织成针织物，可以减小纵向延伸性。编链组织常用来制作钩编织物和条形花边的分离纵行及加固边。

（2）经平组织。

经平组织也是经编针织物的基本组织之一。其特点是同一根经纱所形成的线圈轮流配置在两个相邻线圈纵行中。经平组织针织物正、反面都呈菱形网眼，宜制作夏季T恤及内衣。

经平组织针织物的纵横向都具有一定的延伸性，而且卷边性不明显。其最大的缺点是当一个线圈断裂并受到横向拉伸时，线圈从断纱处开始沿纵行逆编织方向逐一散脱，而使织物分成互不联系的两片。

在经平组织的基础上稍加变化，即可得到变化经平组织。变化经平组织由几个经平组织组合而成，如由两个经平组织组合而成的经绒组织等。变化经平组织由于延展线较长，其横向延伸性比经平组织小。

（3）经缎组织。

经缎组织也是经编针织物的基本组织之一。其特点是每根经纱有顺序地在许多相邻纵行内构成线圈，并且在一个完全组织中，有半数的横列线圈向一个方向倾斜，而另外半数的横列线圈向另一方向倾斜，遂在织物表面形成横条纹效果。

经缎组织织物的延伸性较好。其卷边性与纬平组织针织物相似，当纱线断裂时，线圈也会沿纵行逆编织方向脱散。

经缎组织常与其他经编组织复合，以得到一定的花纹效果，如菱形花纹、变化经缎花纹等。变化经缎组织由于延展线较长，织物的横向延伸性降低，常做衬纬拉绒针织物的地组织。

针织物的组织会对针织物外观、花色、厚薄等产生影响（图2–3–18至图2–3–21）。

图2–3–18
经编基础组织面料1

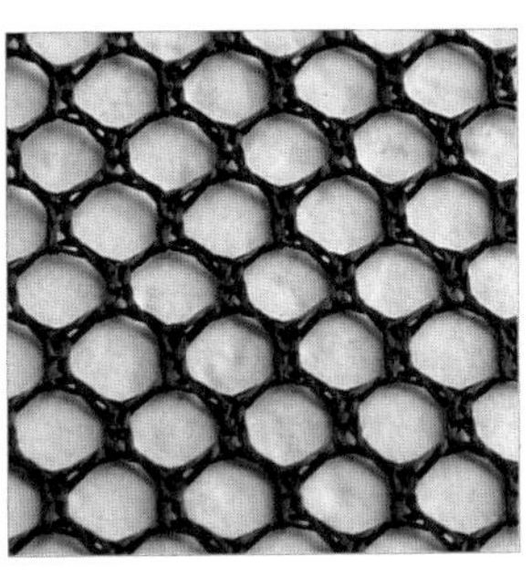

图2–3–19
经编基础组织面料2

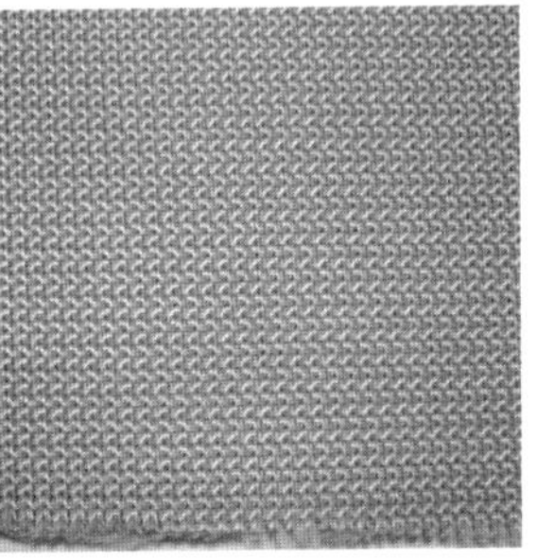

图2–3–20
经编基础组织面料3

图2–3–21
经编基础组织面料4

经编针织物的变化组织有经编、经绒与经斜等（图2–3–22至图2–3–24）。

花式组织是以上述组织为基础，利用线圈结构的改变，或者另外编入一些辅助纱线和其他纺织原料而形成。花式组织主要有提花、集圈、纱罗、菠萝、抽花、衬垫、毛圈、添纱、波纹、衬经衬纬、长毛绒以及由以上组织组合而成的复合组织等。这类组织具有显著的花色效应和不同的机械特性（图2–3–25至图2–3–28）。

图2-3-22
经编变化组织面料1

图2-3-23
经编变化组织面料2

图2-3-24
经编变化组织面料3

图2-3-25
经编花式组织面料1

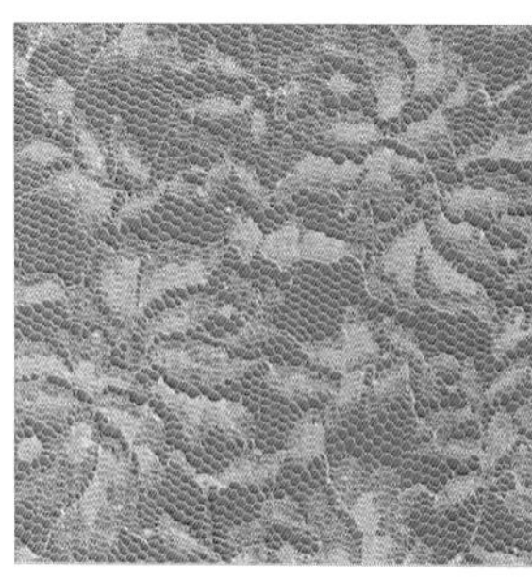
图2-3-26
经编花式组织面料2

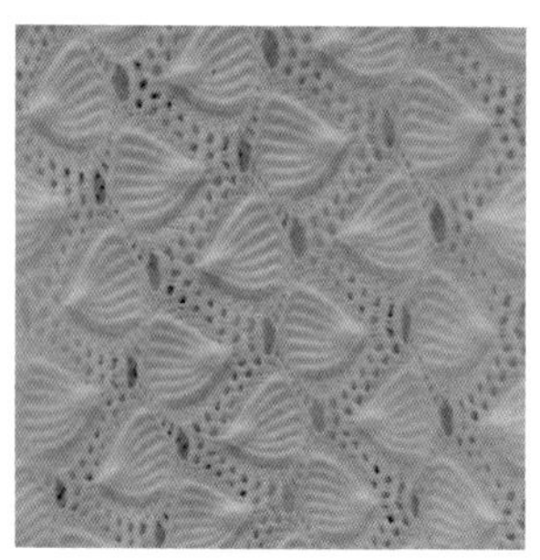
图2-3-27
经编花式组织面料3

图2-3-28
经编花式组织面料4

三、针织物结构参数

（1）纱线长度。

每个线圈的纱线长度（以毫米为单位）。它不仅决定了针织物的密度，而且对针织物的散脱性、延伸性、耐磨性、弹性、强力以及抗起毛起球性和抗钩丝性等也有很大影响。

（2）密度。

针织物在单位长度或单位面积内的线圈个数。它反映在一定纱线粗细条件下针织物的稀密程度，通常用横密、纵密和总密度表示。横密是针织物沿横列方向规定长度（如50毫米）内的线圈数。纵密是针织物沿线圈纵行方向规定长度（如50毫米）内的线圈数。总密度是针织物在规定面积（如25平方厘米）内的线圈数。针织物横密对纵密的比值，称为密度对比系数。

（3）未充满系数。

线圈长度对纱线直径的比值。它说明在相同密度条件下，纱线粗细对针织物稀密程度的影响。未充满系数越大，针织物就越稀疏。

（4）单位面积重量。

每平方米干燥针织物的重量（克数）。它可以通过线圈长度、针织物密度与纱线号数（或支数）求得。

四、针织物的性能

1. 针织物的结构参数对服装内在性能的影响

针织物的结构参数对针织物的疏密、松紧、厚薄、外观等有影响，因此对针织服装的内在性能会产生影响。

① 脱散性。在针织物中因某根纱线断裂引起线圈与线圈彼此分离或失去串套的性能。纱线的摩擦系数与抗弯刚度愈大，线圈长度愈短，针织物的脱散性也愈小。

② 卷边性。在自由状态下针织物边缘出现包卷的性能。这是由于边缘线圈中弯曲纱线力图伸直所引起的。纱线愈粗、弹性愈好、线圈长度愈短，卷边性也愈显著。一般双面针织物，因为在边缘处正反面线圈的内应力大致平衡，所以基本不卷边。

③ 延伸性。在外力拉伸下，针织物尺寸伸长的性能。由于线圈能够改变形状和大小，所以针织物具有较大的延伸性。改变组织结构能减小针织物的延伸性。

小贴士：

针织物在自由状态下，线圈纵行发生歪斜，特别是纬平棉针织布。针织物布面如有轻微歪斜，排料划样时，前后片样板采取相对排列，缝制成衣后，扭歪力便能相互抵消，可以减少布面的扭歪程度。

④ 弹性。在外力去除后，针织物恢复原来尺寸的能力。它取决于纱线的性质、线圈的长度和针织物的组织。

⑤ 强力。针织物断裂时所能承受的力（千克）。常用拉伸和顶破试验方法确定。

⑥ 钩丝和起毛、起球。针织物遇到毛糙物体，会被钩出纤维或纱线，抽紧部分线圈，在织物表面形成丝环，叫作钩丝。织物在穿着洗涤中不断经受摩擦，纱线中的纤维端露出织物表面，形成毛茸，叫作起毛。在以后的穿着中，如果毛茸相互纠缠在一起，揉成球粒，叫作起球。除了使用条件外，影响钩丝与起毛、起球的主要因素有原料品种、纱线结构、针织物组织以及染整加工等。

⑦ 缩率。针织物在加工或使用过程中长度或宽度变化的百分率。常分为下机缩率、染整缩率、水洗缩率和弛缓回复缩率。

2. 针织物对服装内在性能的影响

与机织物相比，针织物结构松软，延伸性能好，穿着舒服透气，不易对身体产生压迫感和紧绷感；针织物吸湿性能更好，容易附着水分，减少静电产生，吸收汗水，保持皮肤干爽；针织物保暖性能更好，因为针织物纱线捻度小，结构松，含气量大大提高，穿着更暖和；针织物的构成结构使针织物受外力挤压时，线圈能滑动缓冲，织物不易褶皱。但是因为针织物结构松软，所以更容易出现钩丝和起毛、起球的现象，针织物牢度也不如机织物好；并且针织物结构不够稳定，容易拉扯变形，洗涤时也应注意轻揉，避免拉扯损坏。因此内衣、汗衫、毛衫等选用针织面料，感觉非常合适，而外套、大衣等还是机织面料比较合适。

五、针织物在服装中的应用

针织物因由线圈构成，所以织物结构松软、易滑动，伸长大，布面蓬松、多毛羽，空隙大，造型性能较差，牢度也不如机织物好。用针织物制成的服装，往往可呈现出舒适休闲的感觉（图2-3-29至图2-3-38）。

图2-3-29　针织面料服装1

图2-3-30　针织毛圈布面料服装

图2-3-31　针织蕾丝面料服装

图2-3-32　针织色织汗布面料服装

图2-3-33　针织面料服装2

图2-3-34　针织面料服装3

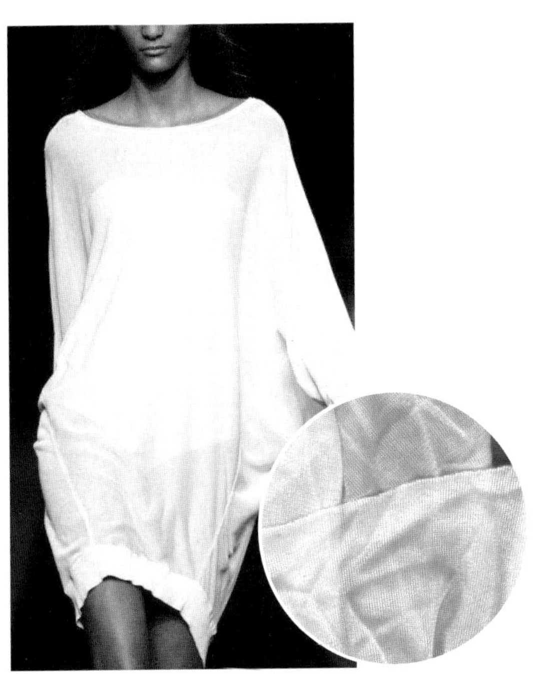
图2-3-35　针织面料服装4

图2-3-36　针织面料服装5

图2-3-37　针织面料服装6

图2-3-38　针织面料服装7

第四节　非织造布

一、非织造布的基本概念

1. 非织造布（Non-woven Fabric）

非织造布是指以纺织纤维为原料经过黏合、熔合或其他化学、机械方法加工而成的纺织品。

2. 非织造布特点

非织造布从20世纪40年代开始工业生产，由于工艺流程短、产品原料来源广、产量高、成本低、产品品种多、应用范围广而迅速发展，并被誉为是继机织、针织之后的纺织第三领域（图2-4-1至图2-4-3）。

图2-4-1　非织造布1

图2-4-2　非织造布2

图2-4-3　无纺羊毛毡

二、服装用非织造布主要品种

1. 非织造布的类别

通常人们把非织造布分为耐用型和用即弃型。耐用型产品要求能维持较长的重复使用时间，如服装衬垫、絮片、贴墙布；用即弃型则是使用一次或几次就不再使用的产品，如医用口罩、卫生巾、尿布等。

在生产过程中也可按厚度分为薄型和厚型两大类。薄型重量一般为20～100克/平方米，多用作服装衬里、黏合衬基布、装饰布、手帕、妇女卫生用品等；厚型的用作絮片、地毯、过滤材料、土工布等，还可制成隔热、透气、耐热、耐磨、隔音、防震、防毒、防辐射等特殊用途的材料。

2. 非织造布制造加工方法

非织造布的制造方法有干法、湿法和聚合物挤压成网法等。

（1）干法。

干法是先把纤维原料在棉纺或毛纺设备上开松、混合、梳理制成纤维网，然后经过机械加固法（针刺法、缝编法、射流喷网法）、化学黏合法（浸渍法、喷洒法、泡沫法、印花法、溶剂黏合法）和热黏合法（热熔法、热轧法）等方法制成非织造布。

（2）湿法。

湿法和造纸法类似，纤维网的成形在湿态中进行，是非织造布生产中产量最高的一种方法，主要有圆网法（化学黏合法、热黏合法）和斜网法等。

（3）聚合物挤压成网法。

聚合物挤压成网法主要有纺丝成网法、熔喷法和膜裂法（针裂法和轧纹法）等。

3. 非织造布主要特点

（1）原料使用范围广。

非织造布使用的原料除了纺织工业所能使用的原料，还包括纺织工业不能使用的各种下脚原料，及一些极短的毫无纺织价值的废纤维、再生纤维等。一些在纺织设备上难以加工的无机纤维、金属纤维，如玻璃纤维、碳纤维、石墨纤维、不锈钢纤维等，也可通过非织造方法加工成工业用的非织造布。一些新型化学纤维，如耐高温纤维、超细纤维、功能型纤维等在纺织设备上难以加工，而用于非织造布工业，可生产出各种应用性很强的非织造布产品。

（2）工艺过程短、生产效率高。

传统的纺织工业工艺流程繁而长，非织造布工业工艺流程简而短，产量成倍增加，劳动生产率提高4～5倍。由于非织造布生产流程短，所以产品变化快、周期短、质量易于控制。

（3）生产速度快、产量高。

非织造布与传统纺织品相比，相对生产速度大约在100：1～2000：1的范围，非织造布下机幅宽大，一般可达到4米左右，因此其单产远远超过传统纺织工业。

（4）工艺变化多、产品用途广。

非织造布加工方法很多，且每种方法工艺又可多变，各种方法之间还可相互结合，组成新的生产工艺。从非织造布后整理技术上讲，其工艺变化更多，如印花、染色、涂层、叠层、轧花等。不同性质的涂料涂在非织造布上，就会赋予非织造布不同的性能，即一种新产品。除此之外，非织造布还可以和其他织物复合叠层，生产各种各样的新产品。

非织造布的生产技术起源于造纸和制毡，早期的无纺布是用废棉或纺织厂下脚料经处理后压制而成的，作为低级絮垫和保暖材料使用。20世纪50年代后，化学纤维大大发展，非织造布生产技术也快速进步，针刺、簇绒、缝编等技术相继被采用，天然纤维和化学纤维非织造布的产量大增，用途也日益广泛。今天，可以说从航天技术到人民生活，从工业到农业，几乎无处不在，有些产品已经成为不可缺少的工程材料。

4. 服装用非织造布的开发应用

随着非织造布生产技术的发展，这些材料的厚薄、弹性、延伸性、手感、黏着性能等，越来越符合现代服装设计生产的需要，非织造布在服装中的应用范围也在不断地扩大。目前，用于服装领域的非织造产品主要有衬、垫材料，黏合衬基布，喷胶棉，热熔棉，仿丝绵和服装标签等，也有部分非织造布可用于外衣，如缝编法非织造布等。

三、非织造布在服装中的应用

1. 外观风格

非织造布结构简单，纹理模糊，织物较稳定，有纤维交错平铺的外观，牢度差。

2. 列举织物

非织造布一般用于服装的辅料，或一次性的服装中。织物一般按厚度或重量来区分。

非织造布工艺简单、结构稳定、性能不错，今后将在服装面料中有所发展。国外已有一些服装面料采用非织造布的方式生产（图2-4-4、图2-4-5）。

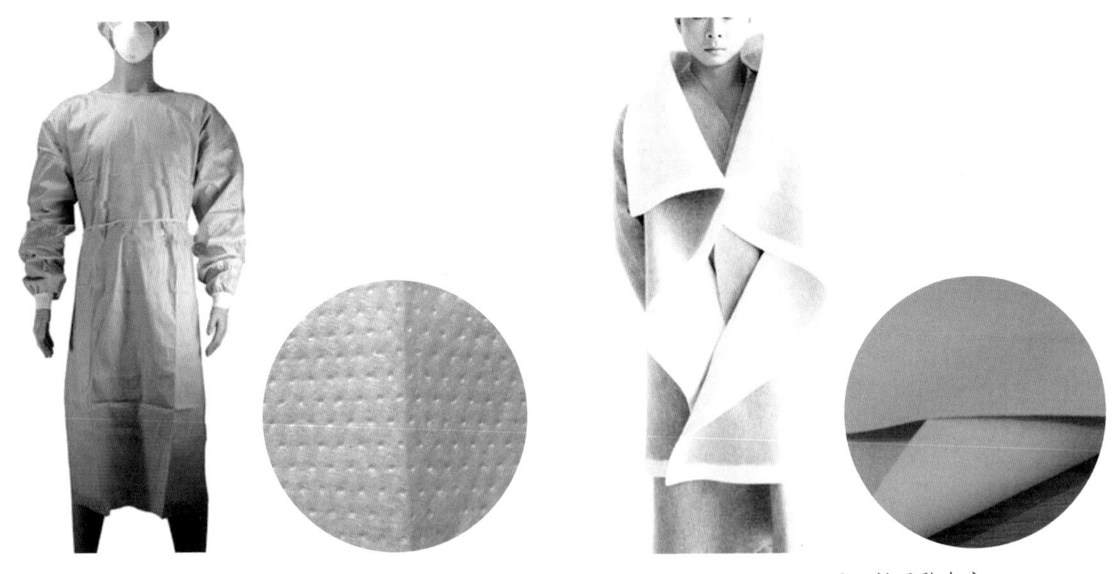

图2-4-4　无纺织布防护衣

图2-4-5　手工羊毛毡大衣

Workshop

4～5人为一组，进行如下练习及讨论：

1. 根据所学知识，手工简单演示针织物与机织物的形成过程。

2. 根据穿着服装的功能类别，对外套、毛衣、衬衫、内衣等不同类别的服装进行面料分析，并思考针织面料与机织面料的适用场合及其原因（可从外观与内在两大方面进行思考）。若将已有服装成品的面料，如机织面料制作而成的服装替换成针织面料，会有何种差异？

第三章　纱线的形成与应用

第一节　纱线与服装

一、纱线与服装的关系

各种形态的纱线经过加工形成织物，而织物再通过不同的加工形式形成服装。所以纱线的形态与性能会影响到服装的内在性能与外在服用效果（图3–1–1）。

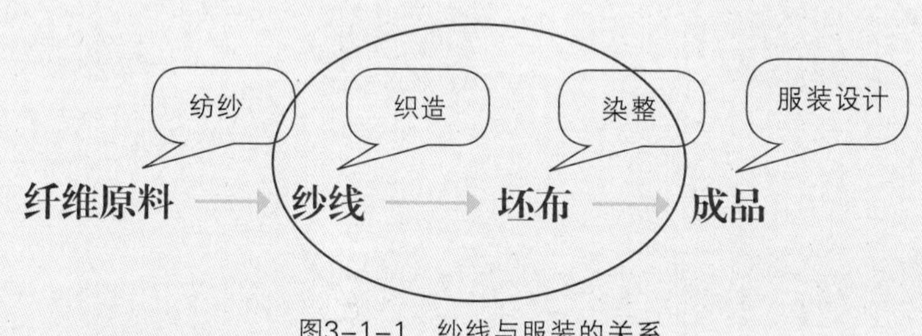

图3–1–1　纱线与服装的关系

小贴士：

纺纱是一项非常古老的活动，自史前时代起，人类便懂得将一些较短的纤维纺成长纱，然后再将其织成布。

二、基本概念

纱线（Yarn）是由纤维加工成的具有一定的强度、细度或具有不同外观结构，并且可以具备任意长度的织物原料。纱线可以通过改变结构、性能、花色等，直接影响并决定织物的性能、风格、质量等。

三、纱线的形成过程

纺纱，是将纤维条纺成纱线的过程。其核心技术是：牵伸、加捻（图3–1–2、图3–1–3）。

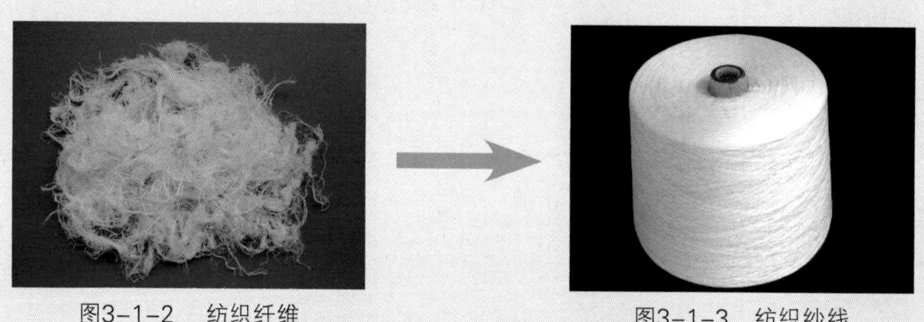

图3–1–2　纺织纤维

图3–1–3　纺织纱线

1. 牵伸

将须条抽长拉细的过程称为牵伸。

2. 加捻

加捻就是让纤维束或需合股的单纱向一个方向旋转，目的是为了使纤维抱合紧密，增加牢度、弹性和光洁度。纤维在纺成单纱与并成股线时都要加捻，通过加捻还可以使纤维原先不柔和的光泽变得有序一致，增强纱线的反光度（图3–1–4、图3–1–5）。

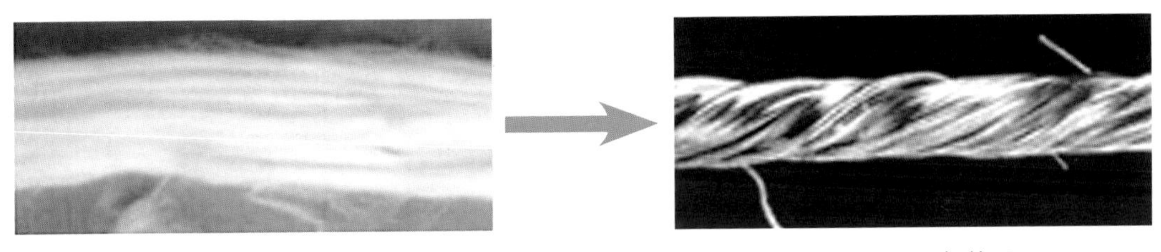

图3–1–4 加捻前

图3–1–5 加捻后

第二节 纱线的结构参数

一、纱线的细度

1. 细度的单位

纱线的粗细一般是以细度来度量的。纱线细度的表示方法有两种。

① 定重制：英制支数、公制支数，单位前的数值越大，纱线越细。

② 定长制：旦数、线密度，单位前的数值越大，纱线越粗。

2. 英制支数

英制支数是指1磅重的棉纱在公定回潮率时，有几个840码长，即为几英支纱。其单位用“英支”表示，也可用字母“S”表示，棉布纱线的粗细用21S × 21S、40S × 40S等表示。其应用范围大多数是棉纱、麻纱或棉、麻与其他纤维混纺的纱线。另外，棉纺设备上生产的中长纤维仿毛织物的纱线也用英制支数表示。

3. 公制支数

公制支数是指1克重的毛纱在公定回潮率时有几米长即为几公支纱，单位用“公支”表示。在我国，棉、麻纤维和毛纱、毛型化学纤维纯纺、混纺纱线以及绢纺纱线和苎麻纱线的粗细采用公制支数表示，如45公支/2×45公支/2全毛凡立丁。

4. 旦数

旦数是指9000米长的丝在公定回潮率时，称其重量为多少克就是多少旦，单位用“旦”或字母“d”“D”表示。旦数用来表示长丝的粗细。

5. 线密度

线密度是指1000米长的纱线在公定回潮率时重多少克即为多少特克斯，简称“特”，单位符号为“tex”。我国法定计量单位规定表示纱线粗细的量为线密度。

6. 细度单位的换算

① 公制支数与英制支数：1英支 = 1.69公支。
② 1公支= 0.59英支。
③ 英制支数与线密度：线密度 = 583.1/英制支数。
④ 公制支数与线密度：线密度 = 1000/公制支数。
⑤ 旦数与线密度：线密度 = 旦数/9。
⑥ 公制支数与旦数：公制支数 = 9000/旦数。

7. 纱线细度的表示方法

① 单纱：21s、45N、150d、18tex……
② 股线：21/2、45/2、150d×2、18tex×2……
③ 复色花线：21/21、45/45……
④ 粗细不同：40/10、150d + 75d……
⑤ 单位不同：40s /150d、45d/38N……

二、纱线的捻向与捻度

小贴士：

股线的捻向表示：
ZZ（单纱Z捻，股线Z捻）
SS（单纱S捻，股线S捻）
ZS（单纱Z捻，股线S捻）
SZ（单纱S捻，股线Z捻）

1. 捻向

捻向就是纱线加捻时旋转的方向。加捻是有方向性的，一种是从下往上，从左到右，逆时针加捻，称为“反手捻”“左手捻”，又叫“Z”向捻；另一种是从上往下，从右到左，顺时针加捻，称为“正手捻”“右手捻”，又叫“S”向捻（图3–2–1）。

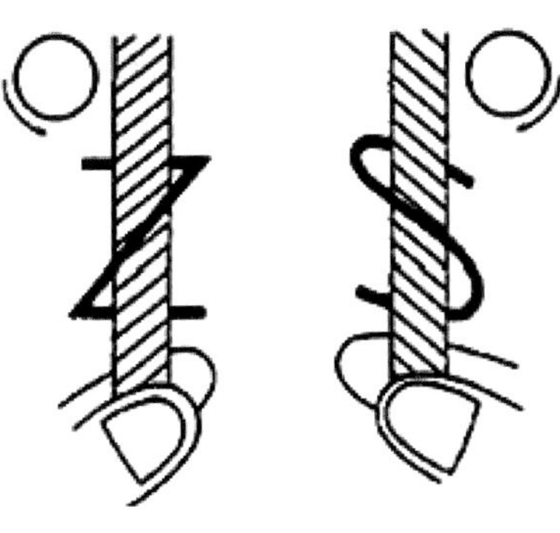

图3–2–1　“Z”捻和“S”捻

2. 单纱

将纺织纤维平行排列，并经加捻而制成的产品，即纺纱机完成的产品（图3–2–2）。

3. 股线

将双根或多根单纱并合加捻而制成的产品则称之为线或股线（图3–2–3）。

4. 捻度

捻度是指单位长度内纱、线的平均加捻数，也就是单位长度内纱、线旋转的圈数。

一般来讲，不同纱支的正常捻度是有规定的，称为“常捻纱”；捻度大于常捻纱的称为“强捻纱”；捻度小于常捻纱的称为“弱捻纱”；捻度比一般强捻纱更大的称为“极强捻纱”；捻度比一般弱捻纱更小，甚至没有捻度的称为“无捻纱”。

图3–2–2　单纱　　图3–2–3　股线

第三节　纱线的类别

纱线是介于纤维与织物之间的“中间体”，它与织物的关系比纤维更为直接。纱线随原料、原料的组合、纱线的结构和加工方式的变化，品种越来越多，尤其是各种新纤维的开发应用以及纱线在结构上的种种改变，使新纱线品种在性能上、外观上各有特色，面料的外观和性能也随之发生变化。

一、按形态分类

按纱线形态来分，有长丝纱、短纤纱（单纱、股线）、花色纱线、变形纱、特殊纱（装饰纱、膜裂纱、纸状纱）、被覆纱（包芯纱、包缠纱）等。

1. 长丝纱

天然纤维中的长丝纱主要是蚕丝。化学纤维大都先制成长丝，然后再根据需要变化成其他形态。

①结构：纤维高度平行，排列紧密，纤维排列有很强的规律性，纱线结构单调，捻度一般较少。

② 物理机械性能：纤维强力利用系数高；纱线直径小，密度大，蓬松性小；纱线的机械性能比较均匀；纱线的抗弯刚度大。

③ 外观：纤维平直，纱线光洁，光泽好。

④ 触感：手感硬、光滑、有蜡状感（指化纤丝），有冷感。

⑤ 用途：长丝纱常被用来制成轻薄、光滑、细洁、飘柔的织物和特种织物（图3-3-1至图3-3-4）。

图3-3-1 长丝纱线

图3-3-2 长丝织物1

图3-3-3 长丝织物2

图3-3-4 长丝织物3

2. 短纤纱

短纤纱种类较多，棉、麻、毛及其他原料的短纤维均可加工成短纤纱。

① 结构：纤维平行度相对较差，纤维内有弯钩、折叠、打圈、缠结等，纱线捻度较大，芯层结构不明显，纱线结构简单，变化少。

② 物理机械性能：纱线的强力与纤维的摩擦和抱合有关，纤维的强力利用系数不如长丝大；纱线的不匀率较大（包括强力、捻度、条干、重量）；纤维的间隙比长丝大，蓬松度也大；纱线的直径大，密度小，吸湿透气性好。

③ 外观：纱线表面不光洁，毛羽多，光泽柔和，粗细明显不匀。

④ 触感：手感松软，有暖感。

⑤ 用途：与长丝纱相比，短纤纱在服装面料中应用更多，这是由于短纤纱织物在蓬松、柔软、光泽柔和与穿着舒适性等方面更优于长丝纱（图3-3-5至图3-3-8）。

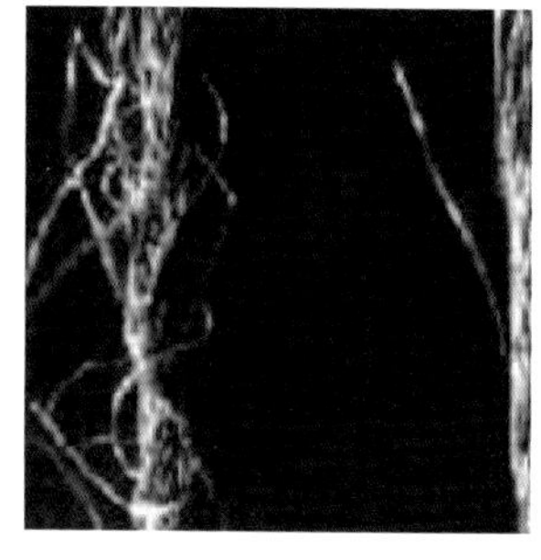
图3-3-5 短纤纱线

图3-3-6 短纤棉面料

图3-3-7 短纤麻面料

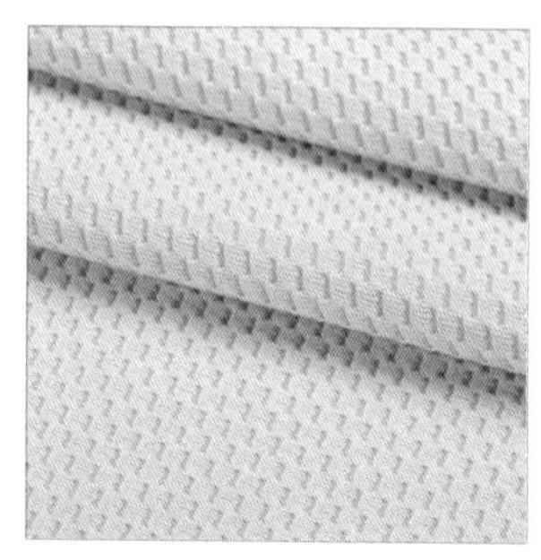
图3-3-8 短纤涤纶针织面料

3. 变形纱

变形纱是指化纤长丝经过二度或三度的空间卷曲变形后，用适当的方法加以固定，打乱了原来纤维的平行状态，成为具有相当程度的膨体性和伸缩性的丝条，外形和某些特性犹如短纤纱的纱线形态。

① 特性：变形纱使长丝纤维短纤化、自然化，并获得了短纤纱的许多优良性能。如蓬松性、柔软性、光泽柔和、吸水性、保暖性、质轻、无蜡状感等，还有一些性能远远优于短纤纱，如可伸性、弹性等。

② 类型：变形纱多数用涤纶、锦纶纤维制成，有时也用腈纶和丙纶纤维。变形纱按其主要特点可分为弹力型、膨体型和改良弹力型三类。

③ 品种：变形纱最初只是为了改善长丝的某些物理机械性能或使产品获得较高的弹性和蓬松性等；后发展为重视变形纱的外观，出现了各种肌理和外观形态的变形纱线。

④ 用途：长丝纤维的变形，主要用于合成纤维产品中。变形纱是合纤长丝仿短纤、仿各种天然纤维的重大成果（图3-3-9、图3-3-10）。

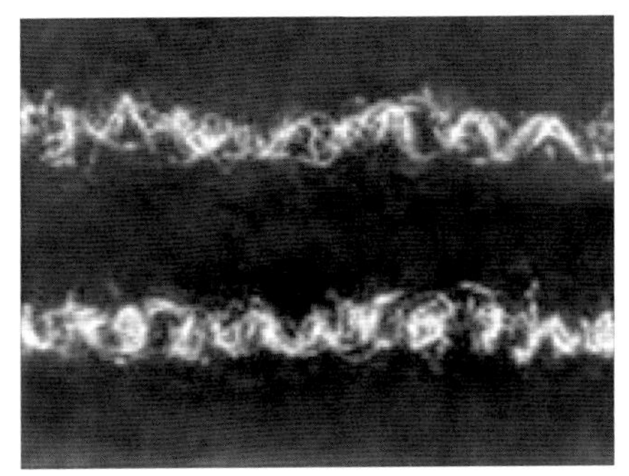

图3-3-9　变形纱纤维

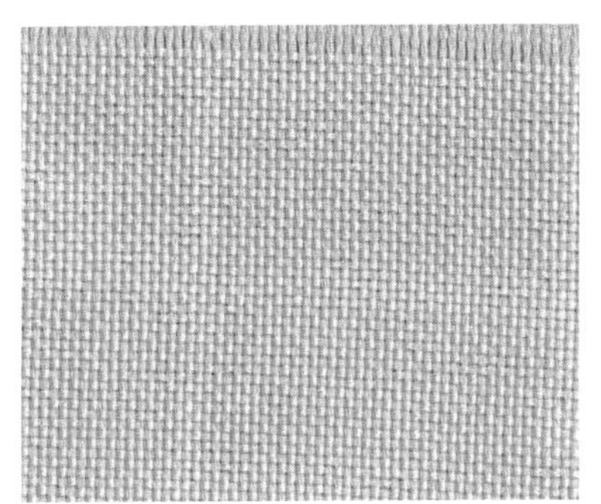

图3-3-10　变形纱面料

4. 混纺纱

混纺纱是短纤纱的一种，具有短纤纱的所有风格。但混纺纱又有别于纯纺纱，具有许多纯纺纱不具备的优点。

① 特点：混纺可以是两种或多种原料的混合纺纱，纤维长度和原料性能的互补性是选择混纺原料的关键。

混纺可以使原料性能取长补短，不同性能的纤维混合在染色和收缩方面可取得意想不到的效果，在光泽和外观等方面形成特殊风格，还能降低成本，扩大原料来源，增加品种，扩大纤维的使用范围。

② 性能：混纺纱织物的性能，首先取决于混纺的原料，其次与混纺原料的配比有关。混纺可使织物的性能更趋完美和符合不同服装的需要。

③ 用途：混纺纱是服装面料纱线中使用极为广泛的一种，在棉、麻、毛、丝及各种化纤产品中都有应用。特别是当前人们对服装的内在性能十分关注，不同原料的混纺已取得满意的性能效果，成为面料设计师的共识（图3–3–11至图3–3–14）。

图3–3–11　混纺纱线

图3–3–12　毛腈混纺面料

图3–3–13　棉麻混纺面料

图3–3–14　涤棉混纺面料

5. 膨体纱

膨体纱有短纤膨体纱和长丝膨体纱两种，一般情况指短纤膨体纱。膨体纱通过高收缩纤维和低收缩纤维的混合，当高收缩纤维遇热收缩，低收缩纤维产生卷曲，从而使纱线体积增大而获得膨体。

① 特点：人们对膨体纱感兴趣，是因为它可以增大纺织品的容积，从而使纺织品的重要特性——绝热性、覆盖能力和手感显著提高。

② 结构：膨体纱体积大，结构蓬松，直径可以增大1倍以上；内紧外松，高收缩纤维伸直在纱芯，一般纤维卷曲在外；长度收缩。

③ 性能：容积增大；体积重量小，质轻；手感柔软；具绒毛感，有极好的毛型外观；强力低（拉伸时，主要力作用于高收缩纤维上）；伸长大，易变形；与天然纤维混合时，可获得天然纤维的外观，结实的纱芯；覆盖性好；导热小，保暖性好，绝缘性好；悬垂性好；耐磨性极好；卫生性提高（吸湿、散湿好）；光泽柔和。

④ 用途：膨体纱的主要原料是腈纶，用来制作仿毛类织物（图3–3–15至图3–3–17）。

图3–3–15　膨体纱纱线

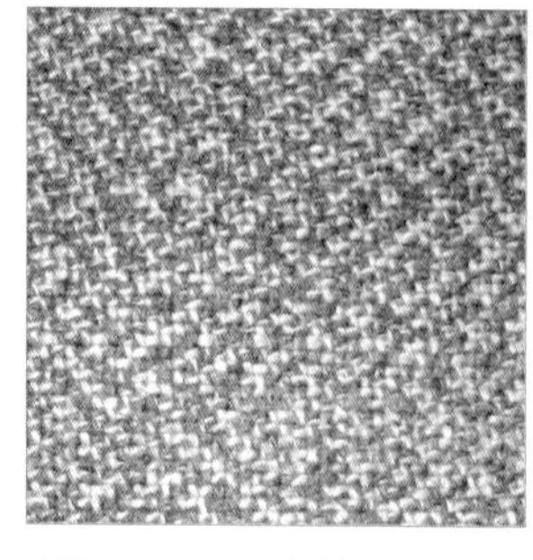
图3–3–16　膨体纱面料1

图3–3–17　膨体纱面料2

6. 包芯纱

包芯纱与包缠纱也是近代发展起来的两种新纱种，都具有芯鞘结构，一般由长丝和短纤组合而成。

① 特点：包芯纱常常指以长丝为纱芯，外包纱为短纤维，纱芯不转移，近乎直线，外面包覆的纱呈螺旋状的纱线。包覆的纱线数随芯线的粗细而定。

② 结构：包芯纱的结构有多种形式，外面可以是纤维、纱、线包覆，可以是单根包覆，也可以是多根或多层包覆；芯线可以是一般长丝，也可以是弹力丝、高弹丝等。包覆的纤维可以是棉，也可以是腈纶或其他纤维。

③ 性能：芯鞘结构使两种纤维在纱线中表里配置，短纤在外，织物蓬松、饱满、光泽柔和，且染色均匀，织物外观丰满，不易起毛起球；长丝在内，光滑坚牢，或有较强的拉伸性，这是混纺纱所不及的。另外，其可纺细度（支数）比短纤纱高；纱线条干比短纤纱均匀；强力高于相同细度的短纤纱。

④ 用途：氨纶织物大都用包芯纱织制，以氨纶为芯线，其他各种短纤为外包线，有棉/氨纶、真丝/氨纶、锦纶/氨纶等。烂花织物不少也用包芯纱织制（图3-3-18至图3-3-22）。

图3-3-18　包芯纱线

图3-3-19　包芯纱涤棉烂花面料

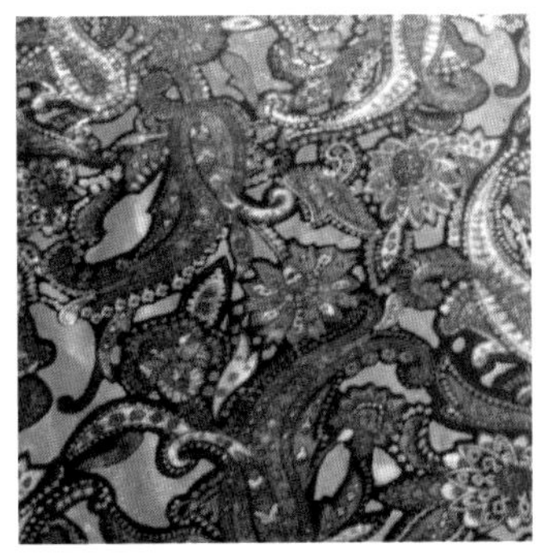

图3-3-20
包芯纱烂花丝绒面料

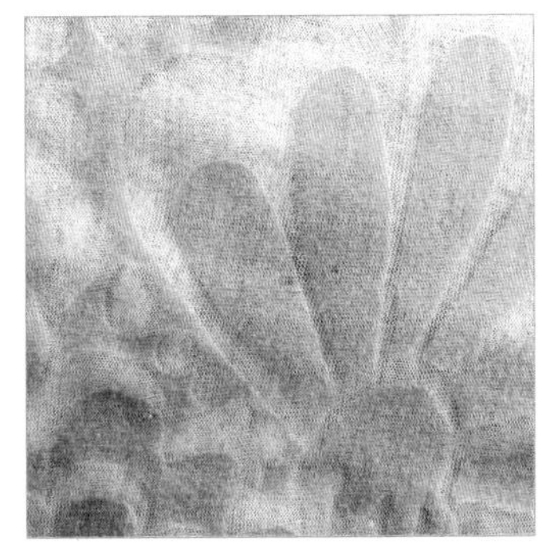

图3-3-21
包芯纱涤粘烂花针织面料

图3-3-22　包芯纱烂花面料

7. 包缠纱

① 结构：包缠纱一般由平行的短纤维作纱芯，用另一种纤维的长丝或短纤纱包缠在外而成。在包缠纱中若混入一定比例的高收缩纤维（比例一般不大），则纱线在结构上又会产生另一种新的效应，即纱线在长度方向收缩，表面皱缩，织成织物后具有皱丝织物的风格（图3–3–23）。

② 性能：包缠纱的无捻纱芯使织物美观，提高了织物的外观丰满度、柔软性和手感，减少了织物的起毛、起球，有较好的抗风和遮光性能（图3–3–24）。

包芯纱和包缠纱还可以结合起来，如第一层（即芯纱）为长丝或弹力丝，外面包以短纤维或短纤纱，再在这包芯纱外面绕以长丝，这三种成分可以各异，以获得特殊的效果。

图3–3–23　包缠纱纱线

图3–3–24　包缠纱面料

8. 花式纱线

花式纱线是一种广义的统称，是区别于普通平素纱线的纱线形式（图3–3–25至图3–3–36）。

① 特点：花式纱线是指通过各种工艺和加工方法，获得特殊外观、色彩、结构、手感和质地的纱线。其主要特征是外观装饰性强，色彩丰富，运用原料多样，有较强的个性和装饰效果。

② 种类：花式纱线种类很多，有表面肌理与常规纱线不同的，如粗细不匀的竹节线、大肚线；有明显纱线堆积的毛虫线、节子线；有粗细纱缠绕成的波形线、小辫线；有在基纱上起圈的珠圈线、花圈线、毛巾线等。其装饰效果特别强，在粗纺毛织物中应用最多。

也有的是通过色彩和外形的共同变化，运用特殊的工艺，获得较好装饰效果的。比如，混入彩色短纤的彩芯纱，混入白色短纤、灰色短纤、黑色短纤的色芯纱；用断丝工艺制得的彩色断丝纱；混入不同色彩、不同粗细、不同截面、不同光泽效应纤维的彩枪纱、银枪纱；用特殊的印染方法制得的印线纱、彩虹纱；等等。花式纱线特别的色彩效果和外观变化，给织物带来全新的感觉。

③ 性能：花式纱线的性能随原料和纱线形态的不同而不同。

随着新原料的诞生、新技术的开发，纱线的种类越来越丰富，性能将越来越优异，也将更能满足人们对服装面料多样化的需求。

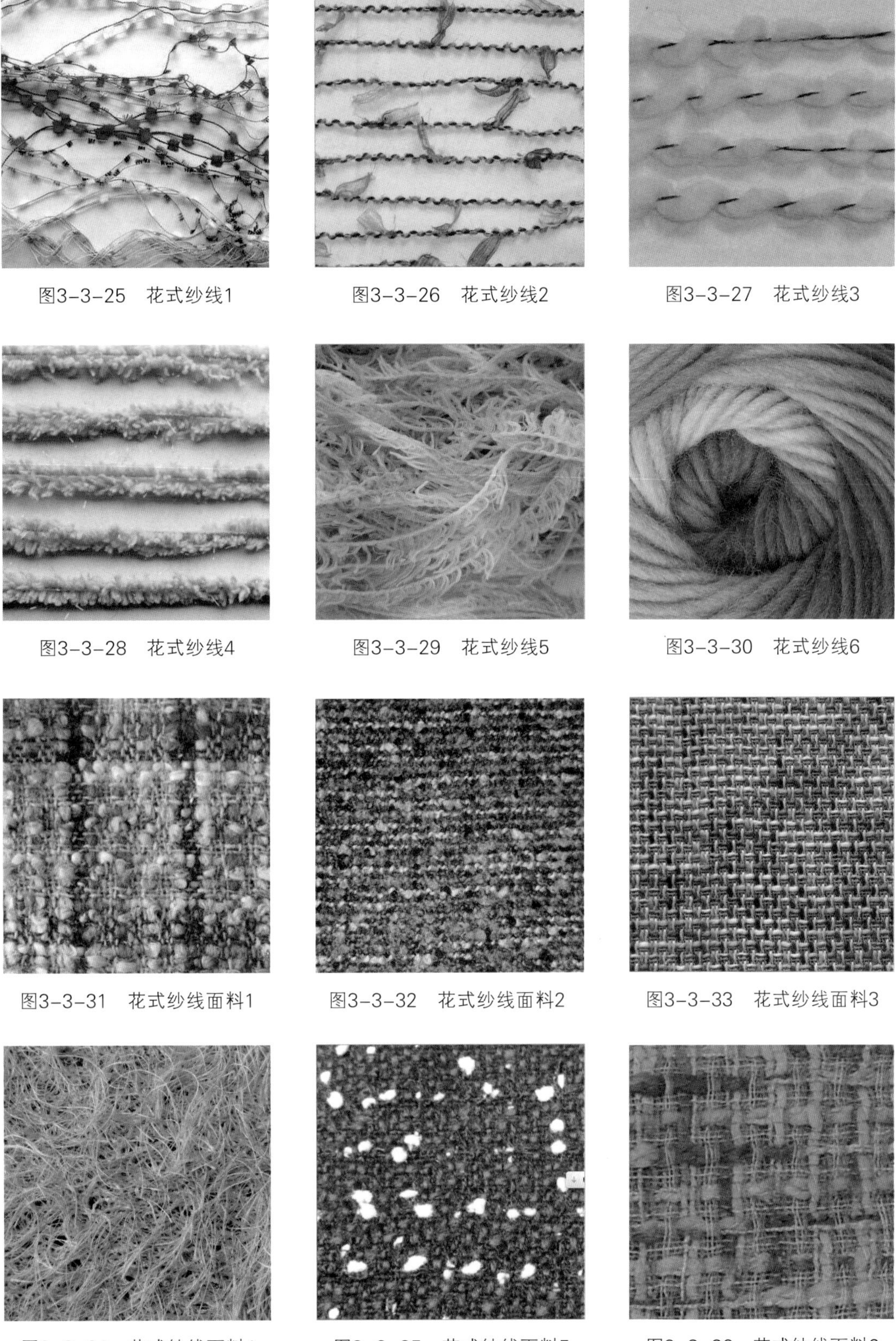

图3-3-25 花式纱线1

图3-3-26 花式纱线2

图3-3-27 花式纱线3

图3-3-28 花式纱线4

图3-3-29 花式纱线5

图3-3-30 花式纱线6

图3-3-31 花式纱线面料1

图3-3-32 花式纱线面料2

图3-3-33 花式纱线面料3

图3-3-34 花式纱线面料4

图3-3-35 花式纱线面料5

图3-3-36 花式纱线面料6

二、按加捻强度分类

按纱线的加捻强度来分，有常捻纱、强捻纱、极强捻纱、弱捻纱、无捻纱等。

1. 常捻纱

常捻纱是指正常捻度的纱、线，也就是指纱线抱合适中，手感适宜，表面平滑，反光好，强力达到织造和一般面料要求的普遍运用的纱线捻度。常捻纱中又有机织纱和针织纱之分，机织纱的捻度略高于针织纱，强度也略高于针织纱（这与机织工艺对纱线的要求有关），但手感不如针织纱柔软蓬松（图3-3-37至图3-3-39）。

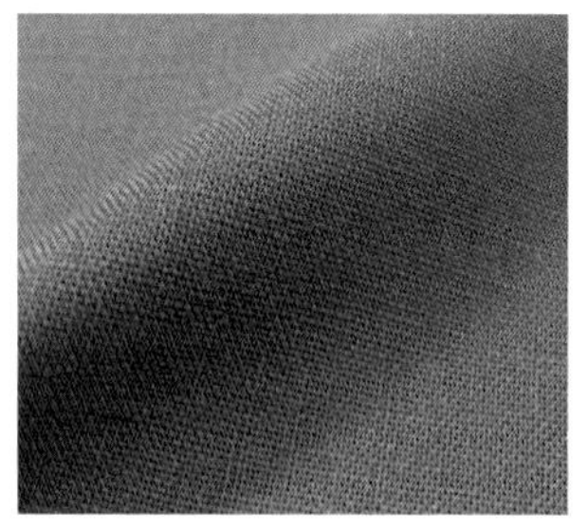

图3-3-37
常捻纱苎麻棉平布

图3-3-38
常捻纱人造棉针织汗布

图3-3-39
常捻纱精纺毛格纹布

2. 强捻纱

强捻纱是指捻度大于正常捻度的纱、线。纱线捻度越大，抱合越紧密，强力也越大，纱线表面的颗粒越细微，反光也随之减弱。捻度越大，手感越硬挺、透爽，纱线的捻缩随之增大。

强捻纱常用来制织一些特殊的品种，比如全棉绉布，经密较稀，纬向采用强捻纱，利用捻缩使织物表面产生自然的凹凸纹理，别具风格；真丝双绉，纬向采用左、右捻强捻纱，使织物表面产生细密的凹凸颗粒，手感爽滑，光泽柔和；夏季薄型毛料，常用提高纱线捻度的方法，使织物更加透爽、凉快，如高支强捻花呢是非常高档的夏季呢绒面料。强捻纱在改变织物手感、外观，以及设计新产品中经常运用（图3-3-40至图3-3-42）。

小贴士：

一般来说，捻度越大，纱线的强力就越大，但若捻度超过一定的范围，纱线的耐磨性和强力反而下降。

图3-3-40
强捻纱真丝双绉面料

图3-3-41
强捻纱涤纶雪纺纱面料

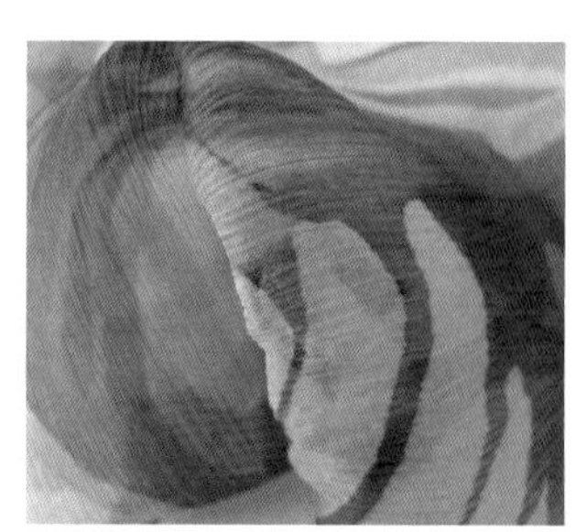

图3-3-42
强捻纱真丝顺纡绉纱面料

3. 极强捻纱

仅用于一些特定的织物中。纱线捻度的增大是有限度的，过大的捻度会使纱线脆断，手感生硬，生产无法进行等。

4. 弱捻纱

弱捻纱是指捻度小于正常捻度的纱、线。纱线捻度小，纤维之间的抱合力小，纱线疏松，内应力小，手感柔软、蓬松，吸湿性好，染料容易渗入纤维内部。纱线捻度小，表面颗粒较大，能产生一种特殊的外观。捻度小，纤维毛羽容易伸出，易起毛、起球。

弱捻纱一般用于需要蓬松外观的织物中。比如起绒织物（粗支呢绒、全棉绒布等），纬向用弱捻纱，便于起绒，织物柔软、蓬松；化纤仿毛织物，有时采用稍低于正常捻度的纱线捻度，增强织物的毛型感；有的花线织物，并线时采用弱捻，使两根不同色的单纱对比增大（图3–3–43至图3–3–45）。

图3–3–43
弱捻纱全棉绒布面料

图3–3–44
弱捻纱涤纶仿毛面料

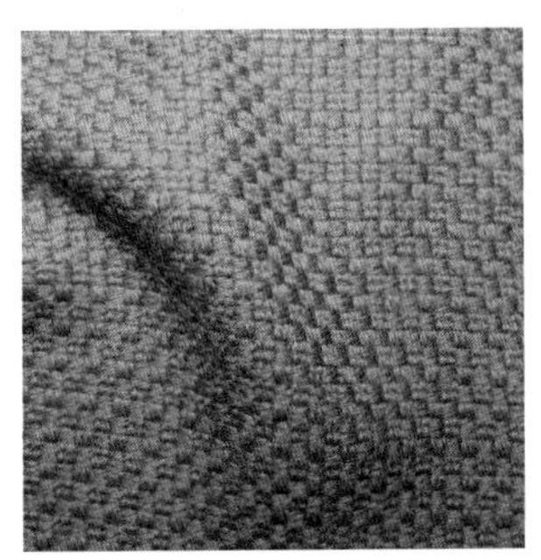

图3–3–45
弱捻纱混纺粗花呢面料

5. 无捻纱

长丝织物一般可以无捻生产，特别是要求光泽比较好的长丝织物，采用无捻，如软缎、电力纺、领带绸等。无捻纱也可用于制织特殊的织物，比如云纹织物，将两根不同色的单纱合股，不加捻，直接用于纬纱，制织的织物呈现出自由的无规则的纬向波纹，是一种特殊的外观（图3–3–46、图3–3–47）。

图3–3–46
无捻纱真丝杭纺面料

图3–3–47
无捻纱真丝电力纺面料

此外，还有如下一些分类名称：

① 按纺纱原料分类，有棉纱、麻纱、毛纱、绢纺纱、仿毛纱、生丝、丝线、黏胶纱、醋酯纱、锦纶纱、涤纶纱、腈纶纱、混纺纱、混合长丝纱等。

② 按纺纱工艺分类，有普梳纱、半精梳纱、精梳纱和精纺纱、粗纺纱等。

③ 按纱的根数分类，有单纱、双股线、三股线、多股线等。

④ 按用途分类，有机织纱、针织纱、手编纱、缝纫纱、手缝纱、刺绣纱等。

⑤ 按细度分类，有高特纱、中特纱、低特纱等。

⑥ 按纤维长度分类，有棉型纱、中长型纱、毛型纱、长丝等。

⑦ 按纤维成分分类，有纯纺纱、混纺纱等。

⑧ 按纱线的后加工分类，有丝光纱、烧毛纱、染色纱、本色纱、漂白纱等。

第四节　纱线对服装内在性能的影响

一、纱线细度对服装内在性能的影响

纺织纱线的细度对服装的内在性能产生着明显的影响。

① 纱线细：手感柔软，面料轻薄，悬垂感好，织物细腻、光洁，成本高，含气量少，保暖性差，弹性差，易褶皱，织物身骨较软，易贴体，造型性能较弱。

② 纱线粗：手感粗硬，面料厚实饱满，织物身骨好，造型性能好，织物粗犷，表面毛羽较多，织物蓬松，含气量多，保暖性好，弹性好，易离体。

小贴士：

较细的纱线对生产设备和工艺要求较高，代表着高技术和新时尚，如低特（高支）高密织物。

二、纱线的捻向、捻度对服装内在性能的影响

纱线的捻向决定纱线的反光方向，所以最主要会影响到织物的外观。除此之外，它还会影响到织物的手感和内在性能。

如强捻纱织物纱线捻度高，牢度好，纤维抱合紧密，手感挺爽，纱线排列间隙大，织物透爽，有身骨，穿着离体，特别适合高支细薄的夏季服装。

弱捻纱织物纱线捻度小，织物蓬松、柔软，含气量高，保暖性好，特别适合冬季服装。

第五节　纱线在服装中的应用

对服装外观性能产生影响的纱线因素，主要包括纱线的细度，纱线的捻向、捻度，纱线的形态等。

一、细度不同的纱线在服装中的体现

织物纱线的粗细直接影响织物的厚薄、粗糙和细腻感。

1. 细特纱线

细特纱线是指线密度较小的纱线、高支的纱线、旦数较小的纱线等。

① 外观风格：纱线细，织物精致、细腻、光泽较好，织物细薄、手感柔软，细特纱线原料品质要求高，加工成本高，难度大，织物有高档感。

② 语言诠释：具象联想，精美的蝉翼纱，透明、轻巧；细腻的桃皮绒，柔滑、软糯；高支的精纺毛料，高档、精致。抽象联想，纺织工艺的极致，高贵身份的象征。

③ 列举织物：高支精梳府绸、高支精梳色织布、高支精梳汗布，高支精纺驼丝锦、高支精纺礼服呢、高支精纺贡呢等（图3-5-1至图3-5-3）。

小贴士：

纱线沿长度方向，其线密度是不均匀的，这种现象称之为纱线的线密度不匀或条干不匀，它是由纤维长度和纤维线密度决定的。

图3-5-1　细特纱线乔其纱面料长裙

图3-5-2　细特纱线高支精纺羊毛薄花呢

图3-5-3　细特纱线高支精梳棉色织府绸

2. 粗特纱线

粗特纱线是指线密度较大的纱线、粗支的纱线、旦数较大的纱线等。

① 外观风格：纱线粗，织物粗厚、饱满，风格粗犷；弹性较好，不易褶皱，外观平整；粗特纱一般梳理简单，织物蓬松、暖和，有亲切感。

② 语言诠释：具象联想，牛仔布，粗厚、朴实；帆布，粗犷、坚实；大衣呢，松软、暖和；粗花呢，粗糙、平实、经久耐用。抽象联想，放松、不羁；可靠、安全；现实、平实。

③ 列举织物：法兰绒、麦尔登、粗花呢、大衣呢，牛仔布、粗帆布、粗平布、粗麻布（图3-5-4、图3-5-5）。

图3-5-4　粗特纱线全棉牛仔布面料服装

图3-5-5　粗特纱线羊绒大衣呢面料服装

二、捻向不同的纱线在服装中的体现

由于纱线的捻向决定纱线的反光方向，所以其主要影响织物的外观。

1. 捻向相同

捻向相同的经纬纱线，经纬交织点处纤维倾斜方向近乎一致而相互嵌合，因而织物较薄，身骨较好，组织点清晰，但织物光泽则不及经纬捻向不同的织物。

2. 隐条隐格

如果将捻向不同的纱线间隔排列，在光照下，由于纱线的反光方向不同，一组反光较暗，一组较亮，织物会隐隐出现条纹，这就是隐条隐格的成因。隐条隐格给人的感觉是含蓄、是折射、是时隐时现。

3. 线撇纱捺

双面斜纹织物两面都有斜纹，但隐隐感觉一面纹路清晰些，另一面纹路模糊些，这还是因为捻向的作用。

一般情况下，单纱的捻向为“Z”捻，这时如果斜纹的方向与纱线的捻向相反，纹路清晰，也就是纱织物“捺”向纹路清晰；而股线的捻向为“S”捻，这时如果斜纹的方向与纱线的捻向相反，纹路清晰，也就是线织物“撇”向纹路清晰。

所以“线撇纱捺”斜纹纹路清晰，它可以帮助我们确定斜纹织物的正反面。纱线的捻向影响了斜纹纹路的清晰程度（图3-5-6）。

图3-5-6　单纱左斜纹全棉卡其面料

三、捻度不同的纱线在服装中的体现

1. 强捻纱对织物的影响

① 外观风格：织物外观光泽较弱，纱线因强捻产生收缩性，常使织物表面凹凸不平，形成皱纹；强捻纱内部纤维抱合紧、空隙小、密度高，纱线手感较硬，织物中纱线间易产生间隙，使织物轻薄挺括；强捻纱织物一般细薄，有身骨，表面有皱纹，牢度也不错。

② 列举织物：强捻纱织物有乔其纱、双绉、建宏绉、巴厘纱、绉布、羊毛高支强捻织物等。强捻纱织物多用于夏季服装面料中（图3-5-7）。

2. 弱捻纱对织物的影响

① 外观风格：蓬松、柔软、惬意、舒服。弱捻纱织物一般较松软，有一定厚度、蓬松度和温暖感。

② 列举织物：柔软的绒布，暖和的大衣呢、法兰绒、维罗呢等粗厚毛织物。弱捻纱多用于冬季蓬松保暖的服装面料中（图3-5-8）。

图3-5-7　强捻纱真丝雪纺纱面料服装

图3-5-8　弱捻纱千鸟格羊毛粗花呢面料服装

四、形态不同的纱线在服装中的体现

不同形态的纱线在服装中的具体体现（图3-5-9至图3-5-17）。

图3-5-9　短纤纱全棉牛仔面料服装

图3-5-10　短纤纱仿毛彩格呢面料服装

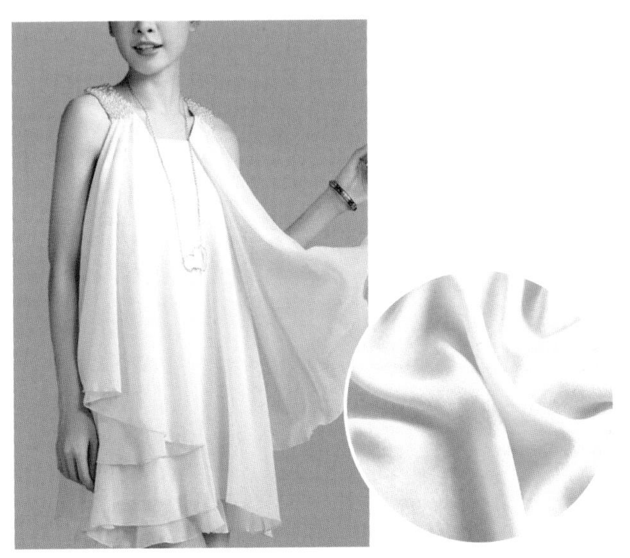

图3-5-11　长丝纱乔其纱面料服装

图3-5-12　长丝纱软缎面料服装

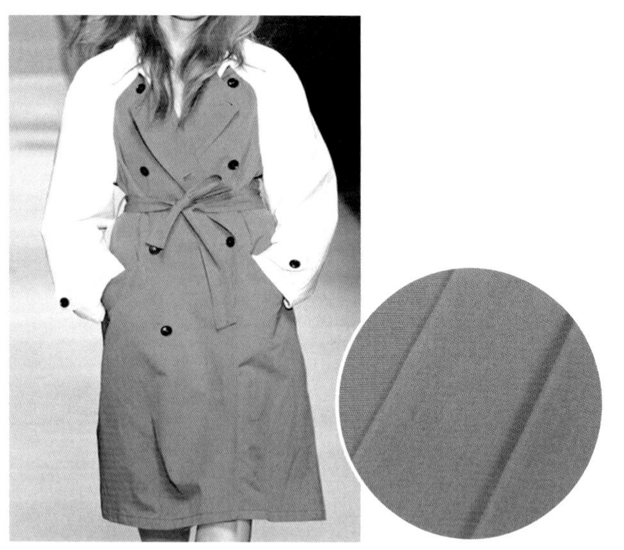

图3-5-13　变形纱府绸面料服装

图3-5-14　涤纶变形纱派力司面料服装

图3-5-15　花式纱线面料服装1

图3-5-16　花式纱线面料服装2

图3-5-17　花色纱线针织服装

Workshop

4～5人为一组，进行如下练习及讨论：

1. 请用毛线演示单纱与股线的Z捻与S捻。

2. 选取春、夏、秋、冬四季的服装，进行面料纱线的捻度、捻向、细度、形态等方面的分析，并思考纱线的形态与结构是否会影响服装的外观与性能，为什么？

第四章 纤维的形成与应用

第一节 纤维与服装

一、纤维与服装的关系

纤维能经过纺纱形成纱线，纱线再通过织造织成面料，而面料通过裁剪加工等过程形成成品服装（图4–1–1）。因此，纤维原料对于服装性能的影响是内在的和本质的。纤维的结构和性能有时对服装的服用性能起着至关重要的作用，因为它决定着织物最根本的特性。

纤维的有些性能可通过各种方法予以改善、提高，有些则很难做到。如天然纤维与合成纤维由于分子结构的原因，它们在吸湿性能上存在着本质差别。天然纤维织物易与水分子亲和，吸湿性能好，舒适感强。合成纤维分子中无亲水基因，合成纤维织物吸湿性能差，人体出汗时会产生闷热感。

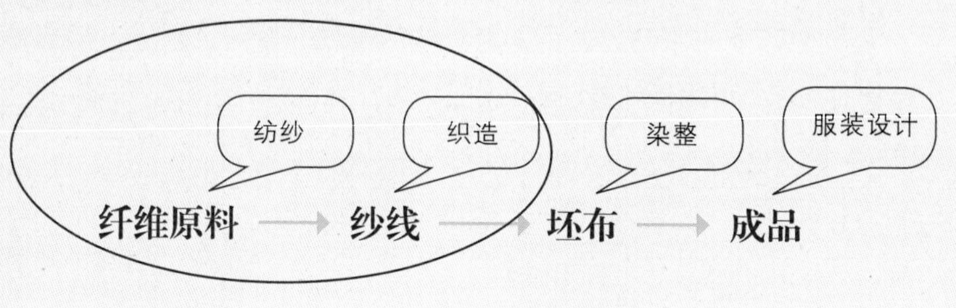

图4–1–1 纤维与服装的关系

二、纤维的基本概念

1. 纤维（Fiber）

人们通常把长度比直径大千倍以上（直径只有几微米或几十微米），且具有一定柔韧性能的纤细物质统称为纤维（图4–1–2至图4–1–4）。

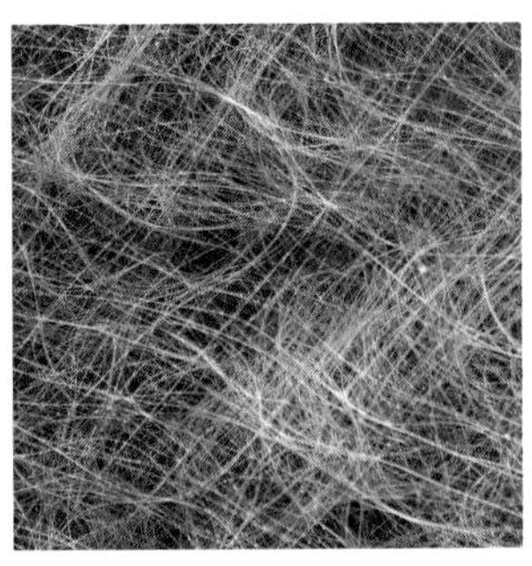
图4-1-2　纺织纤维1

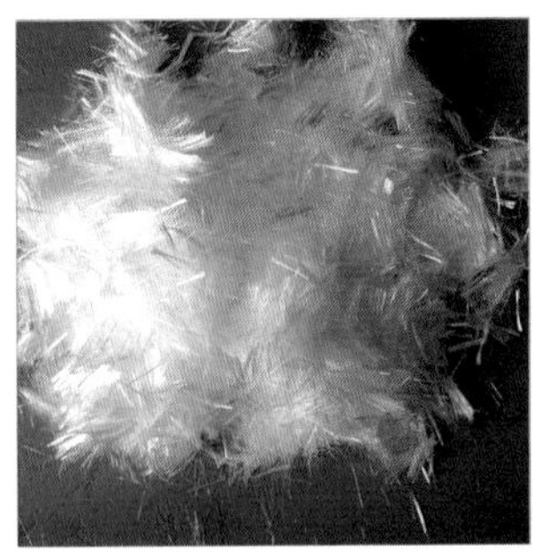
图4-1-3　纺织纤维2

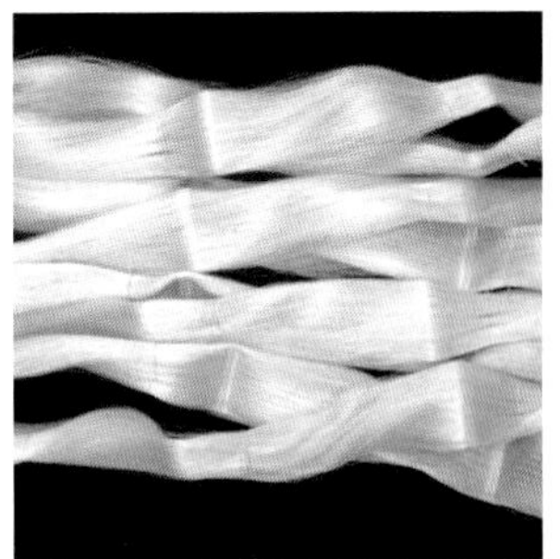
图4-1-4　纺织纤维3

2. 纺织纤维必须具备的条件

① 具有一定的机械性能。
② 具有一定的细度和长度。
③ 具有一定的弹性和可塑性。
④ 具有一定的隔热性能。
⑤ 具有一定的吸湿性能。
⑥ 具有一定的化学稳定性。
⑦ 具有一定的可纺性。

3. 常用纺织纤维成分表

常用纺织纤维成分见表4-1-1。

表4-1-1　常用纺织纤维成分表

<table>
<tr><th colspan="6">纺织纤维</th></tr>
<tr><th colspan="3">天然纤维</th><th colspan="3">化学纤维</th></tr>
<tr><td>植物纤维
（纤维素纤维）</td><td colspan="2">动物纤维
（蛋白质纤维）</td><td colspan="2">再生纤维
（人造纤维）</td><td>合成纤维</td></tr>
<tr><td rowspan="2">棉花
亚麻
苎麻</td><td>丝纤维</td><td>毛纤维</td><td>再生纤维素纤维</td><td>再生蛋白质纤维</td><td rowspan="2">涤纶（聚酯纤维）
锦纶（聚酰胺纤维）
腈纶（聚丙烯腈纤维）
丙纶（聚丙烯纤维）
维纶（聚乙烯醇甲醛纤维）
氯纶（聚氯乙烯纤维）
氨纶（聚氨酯弹性纤维）</td></tr>
<tr><td>桑蚕丝
（真丝）
柞蚕丝</td><td>羊毛
兔毛
驼毛
羊驼毛
牦牛毛
马海毛</td><td>黏胶纤维
醋酯纤维
铜氨纤维
环保:
莫代尔（Modal）
天丝（Tencel ）</td><td>牛奶丝
（酪素）
大豆丝
花生丝</td></tr>
</table>

第二节　天然纤维

一、天然纤维的基本概念

天然纤维（Natural Fiber）是指自然界中原有的，从动植物中获得的，可以直接用来纺纱织布的纤维原料。

天然纤维又分为天然纤维素纤维与天然蛋白质纤维。纤维素纤维包括棉纤维和麻纤维，蛋白质纤维包括丝纤维和毛纤维。它们之间的性能异同体现如下。

① 同：吸湿性能好，穿着舒适透气，水洗会收缩，不易贮藏，会霉蛀。

② 异：天然纤维素纤维弹性差，易皱，耐碱不耐酸，比重较大，易霉。

天然蛋白质纤维干态下弹性好，湿态下弹性差；耐酸不耐碱；比重较小，易蛀。

小贴士：

为了满足保护生态环境、促进人类健康发展以及满足人们对绿色环保生态服装的消费需求，目前已开发出多种多样的生态棉，如有机棉、生态棉等。

二、棉纤维织物

棉纤维织物（Cotton）是指以棉为主要纤维原料的织物，是服装面辅材料中应用最多的纤维种类之一（图4-2-1至图4-2-6）。

1. 内在性能

① 吸湿性能好，不易产生静电。

② 触感柔软亲和，穿着自然舒适，透气性能好，织物耐穿耐用。

③ 湿强大于干强，耐碱不耐酸，服装耐水洗、易水洗。

④ 弹性较差，容易褶皱，缩水率较大，易受潮霉变，比重在天然纤维中最大，不具有热塑性能（一次定型性能）。

图4-2-1　棉花种植

图4-2-2　棉铃

图4-2-3　棉纤维

图4-2-4　棉织物服装1

图4-2-5　棉织物服装2

图4-2-6　棉织物服装3

2. 外观效果

① 棉纤维织物外观朴素、自然，除了高支或丝光处理外，一般无光泽，是纤维制品中光泽较弱的一种。

② 棉纤维长度较短，因此织物蓬松、有暖感。

③ 棉属于纤维素纤维，一般弹性较差，易褶皱。

④ 棉染色性能好，色谱全，因此织物色彩较丰富。

⑤ 棉纤维短，牢度不如合成纤维，而且吸湿性能好，因此织物摩擦后纤维易断裂、脱落，不易缠绕，不易起毛起球。

⑥ 棉纤维织物品种多，外观也有很大的不同，如高支的细腻紧密，强捻的稀薄透爽，粗支的粗犷厚实，双层的柔软舒适。

小贴士：

在20世纪80年代，美国牛仔布产量是全球产量的50%，但在最近的十年，中国、印度、巴基斯坦、马来西亚、土耳其和墨西哥建立了大量的牛仔布生产厂，美国乃至世界的牛仔布生产重心已转移至亚洲低劳动力成本的国家。

3. 主要品种

牛仔布、灯芯绒、牛津纺、青年布、平布、府绸、卡其、斜纹布、朝阳格、条格布、绉布、巴厘纱、横贡缎、直贡呢、麻纱、绒布等都是棉织物中常用的品种。还有各种棉混纺面料、棉交织面料、棉弹力面料等，不胜枚举。

（1）牛仔布（Denim）。

也叫作丹宁布，是一种较粗厚的色织经面斜纹棉布。经纱颜色深，一般为靛蓝色；纬纱颜色浅，一般为浅灰或煮练后的本白纱（图4-2-7）。

（2）灯芯绒（Corduroy）。

一种有凸起条纹的纯棉面料，因为凸起的部分很像以前煤油灯里的灯芯，所以俗称灯芯绒，又叫条绒（图4-2-8）。

（3）牛津纺（Oxford textile）。

一种衬衫面料，手感柔软，组织结构是平纹变化组织中的纬重平组织（图4-2-9）。

图4-2-7　牛仔布

图4-2-8　灯芯绒

图4-2-9　牛津纺

（4）青年布（Chambray）。

青年布是用单色经纱和漂白纬纱或漂白经纱和单色纬纱交织而成的棉织物。因适宜做青年人的服装而得名（图4-2-10）。

（5）平布（Plain fabric）。

采用平纹组织织制，经纬纱的线密度和织物中经纬纱的密度相同或相近。根据所用经纬纱的粗细，可分为粗平布、中平布和细平布（图4-2-11）。

（6）府绸（Poplin）。

采用平纹组织织制，经密明显大于纬密，故织物表面形成了由经纱凸起部分构成的菱形粒纹（图4–2–12）。

（7）卡其布（Khaki）。

卡其布是一种浅褐色带点浅绿色的斜纹组织棉织物布料。其质地更紧密，手感厚实，挺括耐穿，但不耐折磨（图4–2–13）。

小贴士：

府绸最早是指山东省历城、蓬莱等县在封建贵族或官吏府上织制的织物，其手感和外观类似于丝绸，故称府绸。

图4–2–10 青年布

图4–2–11 平布

图4–2–12 府绸

图4–2–13 卡其面料

（8）斜纹布（Drill）。

组织为二上一下斜纹、45° 左斜的棉织物。其正面斜纹纹路明显，染色斜纹布反面则不甚明显。经纬纱支数相接近，经密略高于纬密，手感比卡其布柔软（图4–2–14）。

（9）朝阳格（Chaoyang grid）。

平纹织物，通过交织形成相等宽度、不同颜色的格子（图4–2–15）。

（10）绉布（Crepe）。

表面具有纵向均匀皱纹的薄型平纹棉织物，又称绉纱。绉布手感挺爽、柔软，纬向具有较好的弹性（图4–2–16）。

（11）巴厘纱（Voile）。

一种用平纹组织织制的稀薄透明织物，属于机织物（图4–2–17）。

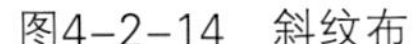

图4–2–14 斜纹布

图4–2–15 朝阳格

图4–2–16 绉布

图4–2–17 巴厘纱

（12）横贡缎（Sateen）。

纬面有缎纹的棉织物，分印花和染色两类。其织物结构紧密，经纬交织点较少、纬纱在织物表面浮线较长，布面大部分由纬纱覆盖，因而质地柔软，富有光泽，适宜做服装、被面等（图4-2-18）。

（13）直贡呢（Venetian）。

直贡呢是精纺呢绒中贡呢的产品之一，采用的多是缎纹组织、缎纹变化组织，纹路的倾斜角度在75°以上的叫作直贡呢。原料用棉制作的称棉直贡，可用作布鞋的鞋面布（图4-2-19）。

（14）麻纱（Hair cords）。

布面纵向有细条织纹的轻薄棉织物。麻纱因挺括如麻而得名（图4-2-20）。

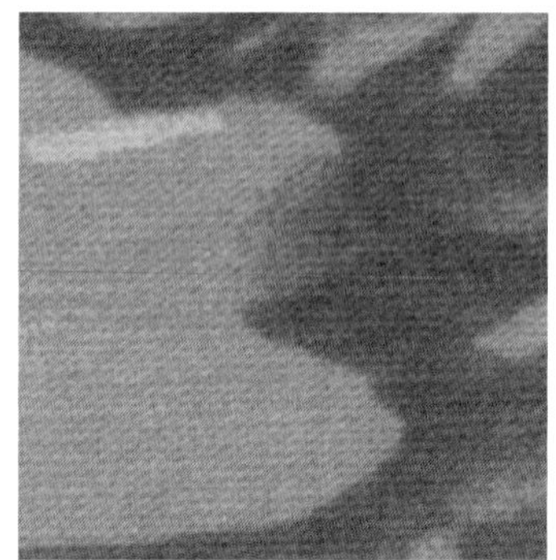

图4-2-18　横贡缎

图4-2-19　直贡呢

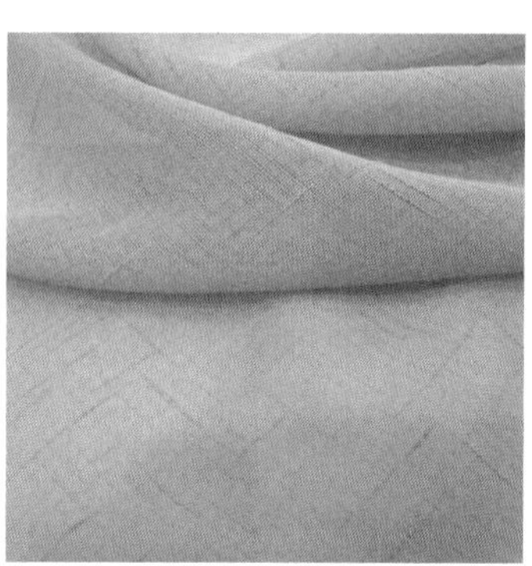

图4-2-20　麻纱

（15）绒布（Fannelette）。

绒布是坯布经拉绒机拉绒后呈现蓬松绒毛的棉织物，通常采用平纹或斜纹织制（图4-2-21）。

（16）泡泡纱（Seersucker）。

采用轻薄平纹细布加工而成。布面呈现均匀密布凹凸不平的小泡泡，穿着时不贴身，有凉爽感，适合做女性夏季的各式服装（图4-2-22）。

小贴士：

用泡泡纱做的衣服，优点是洗后不用熨烫，缺点是经多次搓洗，泡泡会逐渐平坦。特别是在洗涤时，不宜用热水泡，也不宜用力搓洗和拧绞，以免影响泡泡牢度。

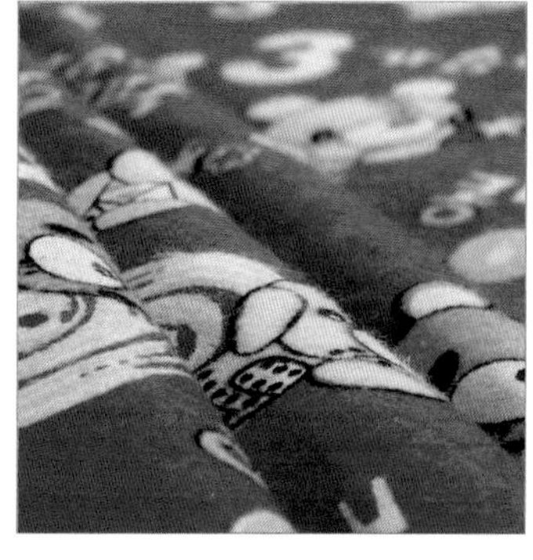

图4-2-21　绒布

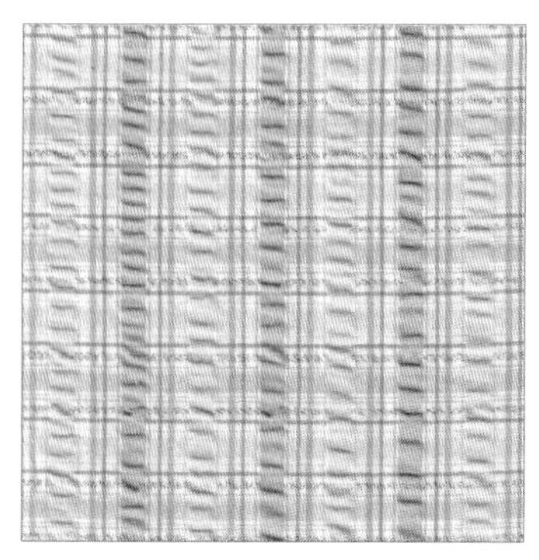

图4-2-22　泡泡纱

三、麻纤维织物

麻纤维织物（Flax）是指以麻为主要纤维原料的织物（图4-2-23至图4-2-26）。

图4-2-23　亚麻作物

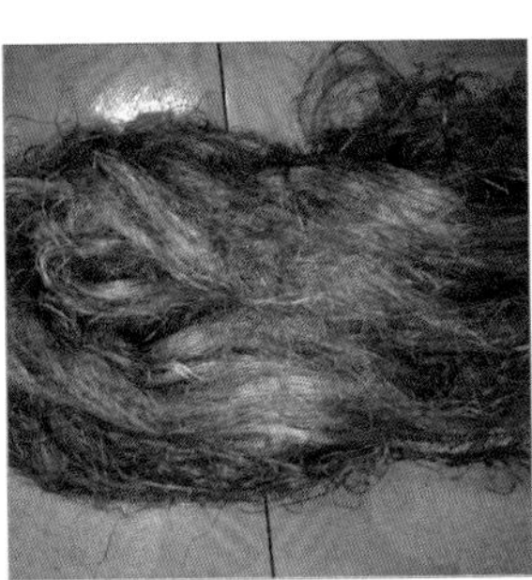
图4-2-24　麻纤维

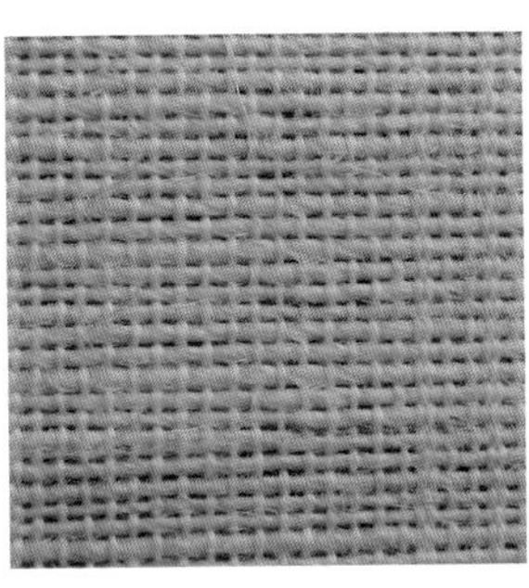
图4-2-25　麻织物

图4-2-26　麻织物服装

1. 内在性能

① 麻织物吸湿性能好，吸湿、散湿速度快，故而织物干爽，细菌不易滋生，安全卫生。

② 织物纤维断裂强度高，断裂伸长小。

③ 麻织物手感较硬，容易产生刺痒感，折皱后皱痕较深，弹性差且不耐磨。

④ 麻织物水洗会收缩，耐碱不耐酸，一般洗涤剂均适用，洗涤时应注意避免剧烈揉搓刷洗，防止起毛。

⑤ 麻织物具有不易霉烂、虫蛀的优点。

⑥ 麻织物比重略小于棉，精制麻的制成率低，价格高。

⑦ 麻织物不具有热塑性能（一次定型性能）。

2. 外观效果

① 麻织物一般光泽较弱，有质朴、原始的感觉。

② 麻纤维长短不一，相差较大，故纱线表面粗细不匀，布面有凸起的疙瘩，这也让麻织物形成一种特殊的外观肌理。

③ 麻纤维较粗，所以织物手感较硬，服装有立体感。

④ 麻纤维较硬，织物密度一般较小，感觉更粗犷透气。

⑤ 麻织物易起皱，但皱纹较棉织物略大并呈圆弧形。

⑥ 麻织物染色性能不如棉，所以色彩较有限。

3. 主要品种

麻织物的品种远不如棉织物丰富多样，一般以平纹织物为多，现逐渐多样起来。主要有亚麻布、苎麻布、夏布（苎麻布的一种）等。麻混纺织物，如棉麻布、麻粘布、涤麻布、涤麻粘织物、麻粘锦织物等不断丰富起来；麻交织面料，如羊毛/麻交织面料、真丝/麻交织面料、棉/麻交织面料等也在不断丰富着。

（1）亚麻（Flax）。

亚麻茎制取的纤维是纺织工业的重要原料，可纯纺，亦可与其他纤维混纺（图4-2-27）。

（2）苎麻（Ramie）。

在各种麻类纤维中，苎麻纤维最长最细（图4-2-28）。

（3）夏布（Grass linen）。

夏布是一种用苎麻以纯手工纺织而成的平纹布（图4-2-29）。

小贴士：

亚麻是人类最早使用的天然植物纤维，距今已有1万年以上的历史。亚麻是纯天然纤维，由于它吸汗、透气性良好和对人体无害，越来越被人类所重视。

图4-2-27　亚麻面料

图4-2-28　苎麻面料

图4-2-29　夏布

四、蚕丝纤维织物

蚕丝纤维织物（Silk）是指以蚕丝为主要纤维原料的织物，有真丝和柞丝织物等，在服装中又以真丝织物为主（图4-2-30至图4-2-35）。

图4-2-30　蚕茧

图4-2-31　蚕

小贴士：

蚕丝是自然界中最轻最柔最细的天然纤维，素有“人体第二肌肤”“纤维皇后”之美誉。

图4-2-32　丝织物服装1

图4-2-33　丝织物服装2

图4-2-34　丝织物服装3

图4-2-35　丝织物服装4

1. 内在性能

① 蚕丝质轻而细长，手感柔软，织物光滑，面料舒服细软。

② 织物吸湿性好，且无潮湿感，服装透水气性好，穿着舒适。

③ 蚕丝在小变形时弹性回复率高，织物抗皱性能好，但服装湿态易起皱，洗后免烫性差。

④ 蚕丝耐酸不耐碱，洗涤时应选择中性或弱酸性的洗涤剂。

⑤ 桑蚕丝绝热性能好，导热系数小，所以冬夏穿着均适宜。

⑥ 蚕丝保暖性好，耐光性较差，对盐的抵抗力差，服装汗湿后应注意及时洗涤。

⑦ 蚕丝的抗霉蛀性能好于羊毛、棉和黏胶。

⑧ 蚕丝纤维同样不具有热塑性能（一次定型性能）。

⑨ 蚕丝织物易于吸收人体排出的水分、汗液和分泌物，保持皮肤清洁，能增进皮肤细胞活力，减轻血管硬化，延缓衰老，还可抗御紫外线对皮肤的伤害，是最佳的卫生保健衣料。

2. 外观效果

① 真丝纤维织物光泽明亮，风格华丽、富贵。

② 手感柔软、飘逸，有较好的悬垂性，织物平整、弹性较好。

③ 真丝长丝织物紧密光滑，有凉感。

④ 丝织物纤维长，不易起毛起球。

3. 主要品种

蚕丝是天然纤维中唯一长丝纤维的织物，有100%蚕丝的织物，也有与其他化学纤维长丝交织的，如真丝/人造丝交织、真丝/涤纶丝交织、真丝/锦纶丝交织等；还有与天然短纤交织的，如真丝/麻交织；有机织真丝织物和针织真丝织物；还有各种不同组织的，如平纹的纺、斜纹的绸、缎纹的缎和其他各种组织的织物。

真丝传统织物非常丰富，20世纪60年代曾对其进行过分类，有纱、罗、绫、绢、纺、绡、绉、锦、缎、绨、葛、呢、绒、绸等14个大类。如今在服装中用得较多的，长丝的有电力纺、双绉、杭纺、小纺、乔其纱、建宏绉、绉缎、桑波缎、软缎、织锦缎、冠乐绸、领带绸、塔夫绸、丝绒、烂花丝绒；除了长丝之外，真丝还有短纤维织物——绢纺，粗纺真丝织物——绵绸和次茧，双宫绸织物等。

（1）电力纺（Electricity texture）。

桑蚕丝生织纺类丝织物，以平纹组织制织。其织物质地紧密细洁，手感柔挺，光泽柔和，穿着滑爽舒适（图4-2-36）。

（2）双绉（Crepe de chine）。

又称双纡绉，一种用生丝织成、表面有细皱纹的织物。其质地柔软坚牢，多染成单色或印花（图4-2-37）。

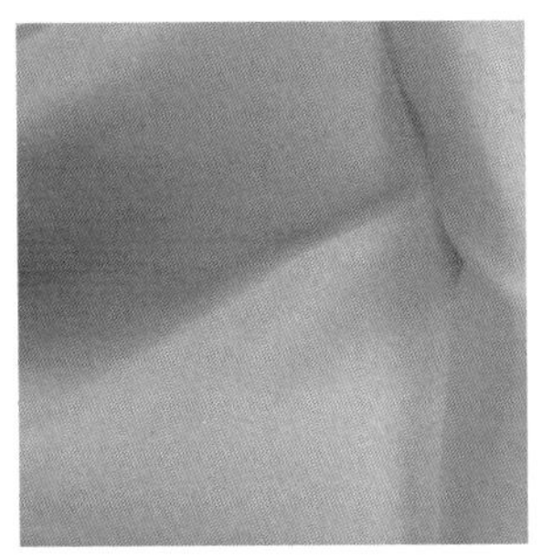
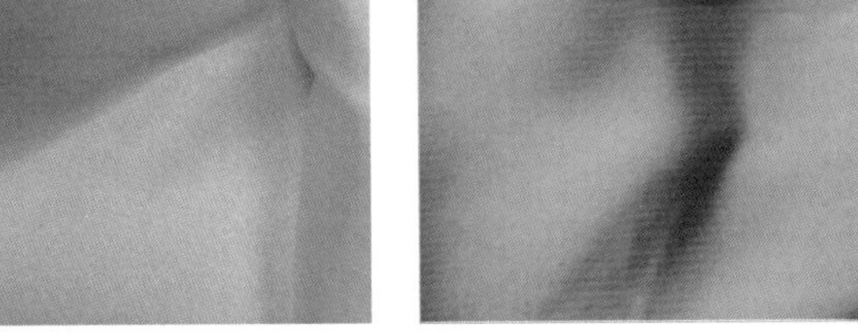

图4-2-36 电力纺

图4-2-37 双绉

图4-2-38 乔其纱

图4-2-39 素绉缎

（3）乔其纱（Georgette）。

又称乔其绉、雪纺，是以强捻绉经、绉纬制织的一种丝织物，织物轻薄、透明、柔软、飘逸（图4-2-38）。

（4）素绉缎（Crepe satin plain）。

素绉缎是指一类全真丝的、纬线强捻、经线不加捻、织物组织为五枚缎的真丝缎类品种（图4-2-39）。

（5）织锦缎（Silk brocade）。

织锦缎是在经面缎上起三色以上纬花的中国传统丝织物。它是以缎纹为底，以三种以上的彩色丝为纬，即一组经与三组纬交织的纬三重纹织物（图4-2-40）。

小贴士：

织锦缎是19世纪末在我国江南织锦基础上发展而成的。传统织锦缎为显示底布缎面高贵细腻，多用素地纹样，绣以梅、兰、竹、菊等植物花卉和凤凰、孔雀、虎等珍禽异兽图案。

（6）软缎（Soft silk fabric in satin weave）。

质地柔软、光泽很强的缎纹丝织物，多用来做服装、被面、刺绣用料和装饰品等（图4-2-41）。

（7）塔夫绸（Taffeta）。

又称塔夫绢，是一种以平纹组织制织的熟织高档丝织品。经纱采用复捻熟丝，纬丝采用并合单捻熟丝，以平纹组织为地，织品密度大，是绸类织品中最紧密的一个品种（图4-2-42）。

（8）领带绸（Tie silk）。

领带绸是制作领带的丝织物，分面料领带绸和里子领带绸。面料领带绸的质地厚实平滑，有弹性，花形色彩引人注目，分素色、印花、绣花、手绘和提花色织等多种（图4-2-43）。

图4-2-40 织锦缎

图4-2-41 软缎绣花面料

图4-2-42 塔夫绸

图4-2-43 领带绸

（9）绵绸（Noil poplin）。

缫丝用残次茧丝经过加工处理纺成䌷丝所织的平纹绸。其织物表面不光整，但厚实坚牢（图4-2-44）。

（10）丝绒（Velutum）。

割绒丝织物的统称。其表面有绒毛，大都由专门的经丝被割断后所构成。由于其绒毛平行整齐，故呈现丝绒所特有的光泽（图4-2-45）。

（11）绢纺（Silk spinning）。

将绢纺原料经化学和机械加工纺成绢丝的过程。绢纺是把养蚕、制丝、丝织中产生的疵茧、废丝加工成纱线的纺纱工艺过程（图4-2-46）。

图4-2-44　绵绸

图4-2-45　丝绒

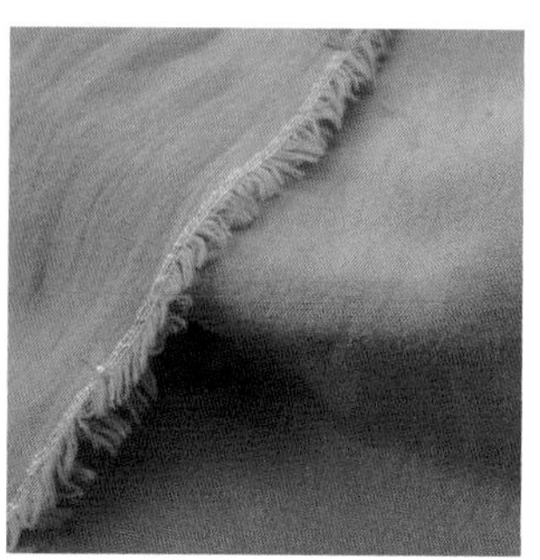

图4-2-46　绢纺

五、毛纤维织物

毛纤维织物（Wool）是指以羊毛为主要纤维原料的织物（图4-2-47至图4-2-49）。

小贴士：

毛纤维也被开发制作成羊毛T恤，穿着非常舒适，但成本较高。

图4-2-47　绵羊毛

图4-2-48　山羊绒

图4-2-49　羊毛纤维

1. 内在性能

① 毛织物吸湿性能好，感觉干爽，穿着舒适。

② 织物蓬松、柔软，穿着暖和。

③ 毛织物不易被水润湿，不脏不皱，服装耐磨性好，经久耐穿。

④ 毛织物弹性优良，急弹性和缓弹性都好。

⑤ 染色性能好，拒水、难燃，有缩绒性（服装在湿热的条件下摩擦，纤维表面鳞片会互相嵌合，使服装变得又小、又厚、又硬的性能）。毛织物耐酸不耐碱，洗涤时应选择中性或弱酸性的洗涤剂，水温不宜过高，少揉搓。

⑥ 其比重是天然纤维中最小的。

⑦ 易被虫蛀，须经防蛀整理或在收藏时放入防蛀药剂。

⑧ 其纤维不具有热塑性能（一次定型性能）。

2. 外观效果

① 毛织物外观端庄、稳重，色泽莹润。

② 织物蓬松、饱满，有暖感；毛纤维弹性较好，织物平整不易起皱，而且褶皱后易自然回复。

③ 毛织物品种丰富，外观风格多样化，有十分细腻高端的高支缎纹礼服呢，也有普通穿着的粗纺学生呢。

④ 有夏季轻薄挺括风格的高支强捻薄花呢，也有冬季蓬松温暖风格的各种大衣呢。

⑤ 有精纺素色的各种礼仪服装面料，又有蓬松结构花色纱线的各种时装面料。

⑥ 有针织毛衫的柔软亲切感，又有机织大衣的密实感（图4-2-50）。

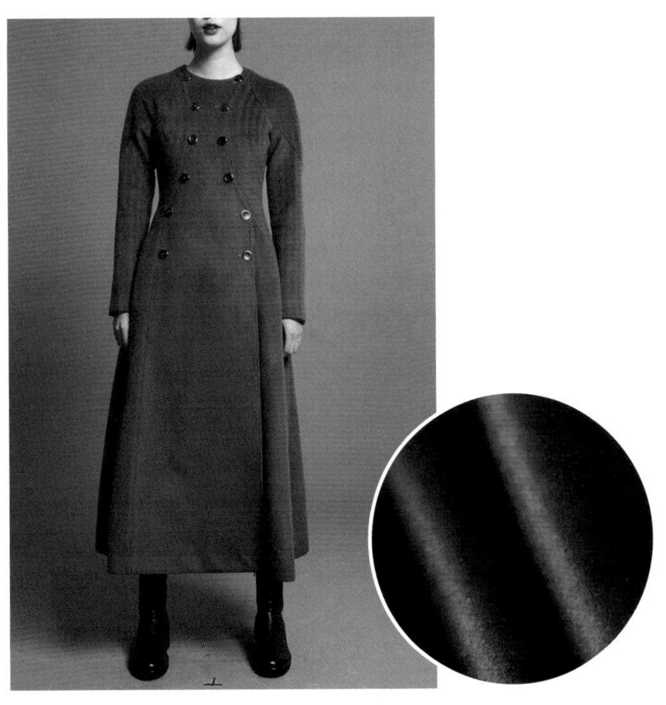

图4-2-50 羊毛面料服装

3. 主要品种

毛织物有纯纺毛织物、混纺毛织物和交织毛织物；有粗纺毛织物、精纺毛织物；也有机织毛织物和针织毛织物；有平纹、斜纹、缎纹、复杂组织和提花组织的织物等。

精纺毛织物有凡立丁、派力司、薄花呢、哔叽、啥味呢、华达呢、海力蒙、眼睛呢、板司呢、女衣呢、英国条、巧克丁、马裤呢、驼丝锦、礼服呢、缎背华达呢、牙签条单面花呢、麦斯林等。

粗纺毛织物有法兰绒、麦尔登、维罗呢、海军呢、制服呢、学生呢、钢花呢、人字呢、霍姆斯苯、彩芯呢、圈圈呢、松结构粗花呢、双面呢、拷花大衣呢、银枪大衣呢、顺毛大衣呢、立绒大衣呢等。

毛纤维织物的品种非常丰富，除了以上列举的之外，还有各种混纺的面料，如毛涤、毛粘、毛腈等混纺面料。

（1）凡立丁（Valitin）。

采用一上一下平纹组织织成的单色股线的薄型织物，其特点是纱支较细、捻度较大，经纬密度在精纺呢绒中最小（图4-2-51）。

（2）派力司（Palace）。

用混色精梳毛纱织制，外观隐约可见纵横交错的有色细条纹的轻薄平纹毛织物（图4-2-52）。

（3）哔叽（Serge）。

用精梳毛纱织制的一种素色斜纹毛织物。其呢面光洁平整，纹路清晰，质地较厚而软，紧密适中，悬垂性好，以藏青色和黑色为多（图4-2-53）。

（4）华达呢（Gabardine）。

用精梳毛纱织制，有一定防水性的紧密斜纹毛织物，又称轧别丁（图4-2-54）。

小贴士：

华达呢由英国著名品牌Burberry有限公司发明。

图4-2-51　凡立丁

图4-2-52　派力司

图4-2-53　哔叽

图4-2-54　华达呢

（5）海力蒙（Herringbone）。

海力蒙属于厚花呢面料中的一种，因其呢面呈现出人字形条状花纹，形似鲱鱼胫骨而得名（图4-2-55）。

（6）板司呢（Hopsack）。

板司呢是精纺毛织物中最具立体效果的职业装面料，平纹组织，花纹细巧，外观有深浅对比的阶型花纹。其呢面光洁平整，织纹清晰，悬垂性好，滑糯有弹性（图4-2-56）。

（7）巧克丁（Tricotine）。

又名罗斯福呢，类似马裤呢的品种，为斜纹变化组织。其织品条型清晰，质地厚重丰富，富有弹性（图4-2-57）。

（8）马裤呢（Whipcord）。

马裤呢是精纺呢绒中身骨最厚重的品种之一，也是传统的高级衣料，因最初用作军用马裤和猎装马裤而得名。其用纱较粗，结构紧密，呢面呈现陡急的斜向凸纹（图4-2-58）。

图4-2-55　海力蒙

图4-2-56　板司呢

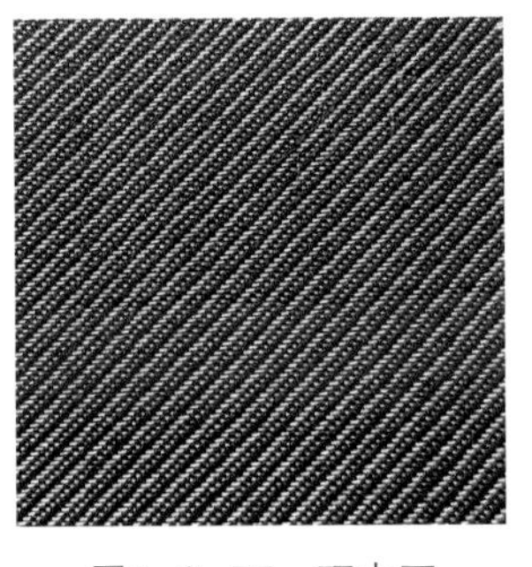

图4-2-57　巧克丁

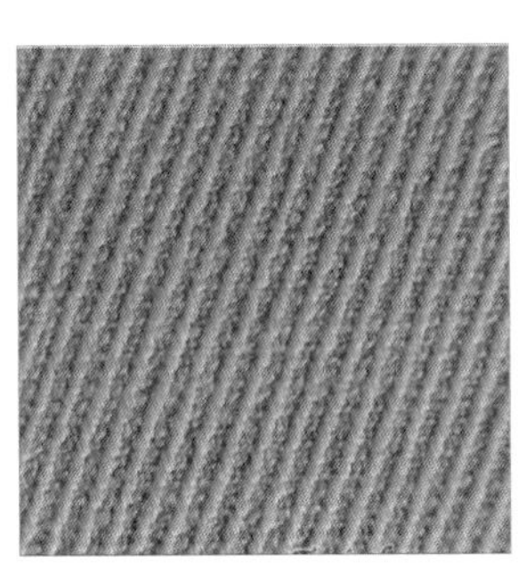

图4-2-58　马裤呢

（9）驼丝锦（Doeskin）。

织物质地精美，外观和手感优良，与母鹿皮相似。其采用变化缎纹组织，表面呈不连续的条状斜纹，斜线间凹处狭细，背面似平纹（图4-2-59）。

（10）法兰绒（Flannel）。

法兰绒属混色粗纺呢，采用平纹或二上二下斜纹组织，呢面绒毛细洁平整，不露底或半露底，手感柔软丰满，混色均匀，并具有法兰绒传统的黑白夹花的灰色风格（图4-2-60）。

（11）麦尔登（Melton）。

麦尔登是用粗梳毛纱织制的一种质地紧密、具有细密绒面的毛织物（图4-2-61）。

图4-2-59　驼丝锦

图4-2-60　法兰绒

图4-2-61　麦尔登

（12）海军呢（Navy cloth）。

重缩绒、不起毛或轻起毛的呢面织物，也称细制服呢。其质地紧密，身骨挺实，弹性较好，手摸不板不糙，呢面较细且匀净，基本不露底，耐起球，光泽自然（图4-2-62）。

（13）制服呢（Uniform cloth）。

制服呢是用中低级羊毛织制的粗纺毛织物（图4-2-63）。

（14）钢花呢（Homespun）。

钢花呢是粗花呢中的一种，因织物表面除一般花纹外，还均匀散布着红、黄、绿、蓝等彩点，似钢花四溅，故名钢花呢（图4-2-64）。

图4-2-62　海军呢

图4-2-63　制服呢

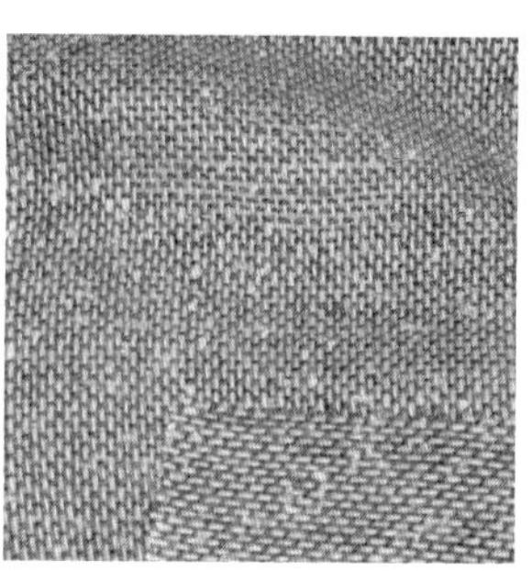

图4-2-64　钢花呢

六、天然纤维在服装设计中的应用（图4-2-65至图4-2-72）

图4-2-65　印花棉布连衣裙

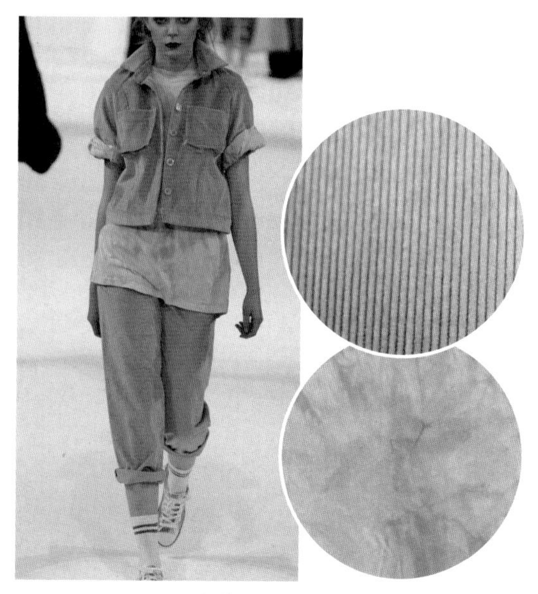

图4-2-66　全棉灯芯绒夹克、全棉印花针织汗布T恤、全棉灯芯绒裤子

图4-2-67　亚麻面料上衣与裙装

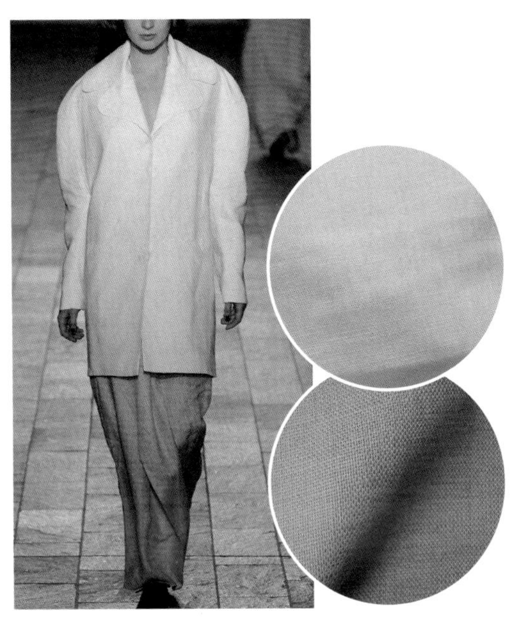

图4-2-68　棉麻混纺面料西装外套、亚麻面料下装

图4-2-69　真丝素缎连衣裙

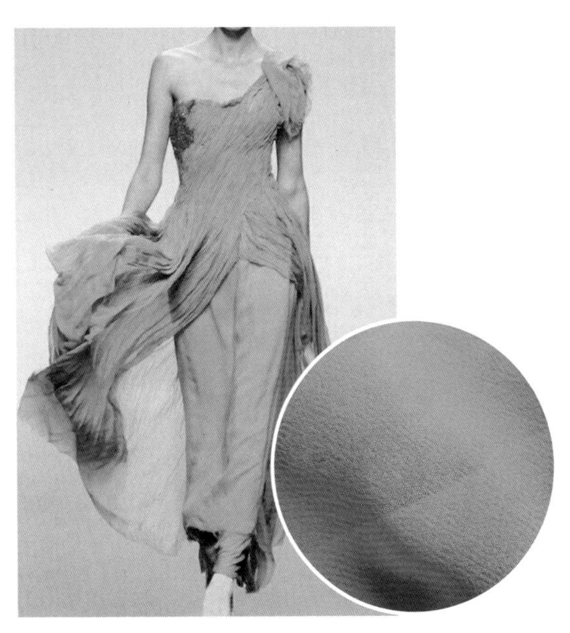

图4-2-70　乔其纱礼服长裙

图4-2-71　羊毛棒针编织上衣、羊毛针织连身裙

图4-2-72　粗纺羊毛呢套装

第三节　化学纤维

一、化学纤维的基本概念

化学纤维（Chemical fiber）是用天然或人工高分子物质为原料加工制成的各种纤维原料。化学纤维分为再生纤维与合成纤维（图4-3-1）。

图4-3-1　再生纤维的各种原料

二、再生纤维

再生纤维（Regenerated fiber）是指用纤维素和蛋白质等天然高分子化合物为原料经化学加工制成分子浓溶液，再经纺丝和后处理而制得的纺织纤维。

小贴士：

再生纤维素纤维原料多从棉短绒、木材和芦苇中取得，原料丰富易得，成本较低，服用性能好，所以发展较快；再生蛋白质纤维的原料一般从牛乳、大豆、玉米和花生中取得，由于这些原料都是人类的食物，原料来源受限，因此产量很少，发展受到限制。

1. 性能特点

① 取材广泛：再生纤维的原料是自然界的纤维素和蛋白质，如棉短绒、芦苇、草根、树皮、木材、牛奶、花生、大豆等都可以成为它的原料，再生纤维原料来源广泛。

② 性能优越：再生纤维的原料是自然界的纤维素和蛋白质，因此它的性能接近于天然纤维而区别于合成纤维，如吸湿性能好，穿着舒适透气，不易产生静电等。

③ 用途多样：再生纤维是用化学的方法加工制成的，因此，纤维形态变化丰富，织物多样，能满足不同服装的需要，符合当代人对服装个性化、时代化、舒适化、多样化的要求。

2. 外观风格

再生纤维是化学纤维的一种，是用化学的方法制成的，因此它的形态是多变的。纤维可以是长丝，也可以是短纤维；可以是有光的，也可以是无光的，织物的外观风格是多样化的（图4-3-2）。

再生纤维的外观风格与它所模仿的纤维织物相接近。

图4-3-2　再生纤维面料服装

3. 主要品种

再生纤维素纤维的主要产品是黏胶纤维织物，这是服装中用得最多的再生纤维织物。此外还有铜氨纤维、醋酯纤维等。环保型的再生纤维素纤维有天丝和莫代尔（图4-3-3至图4-3-6）。

图4-3-3 黏胶人造棉面料

图4-3-4 天丝面料

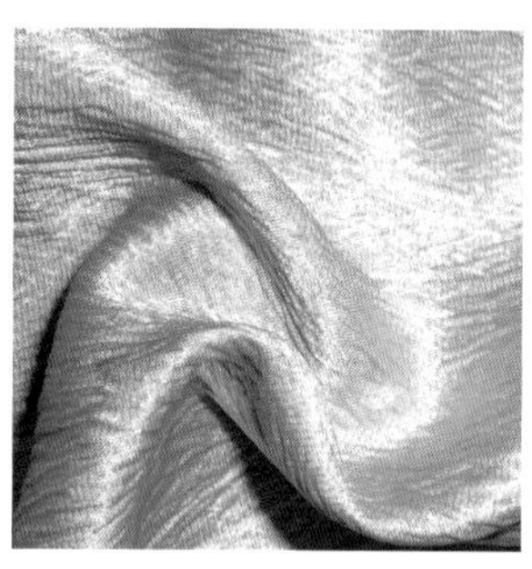

图4-3-5 醋酯面料

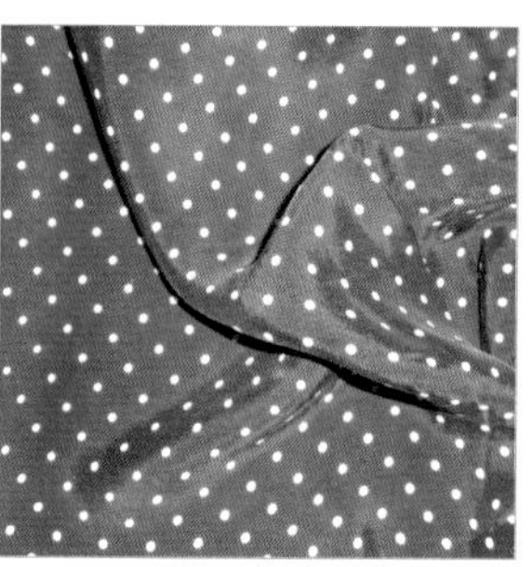

图4-3-6 铜氨面料

（1）黏胶纤维（Viscose fiber）。

黏胶纤维是人造纤维的一个主要品种，是以天然纤维素（棉短绒、木材等）为原料制成。

根据黏胶纤维的形态不同，有人造棉、人造毛、人造丝等区别。长短粗细和毛纤维相近的称为人造毛（毛型黏胶纤维）；和棉纤维相近的称为人造棉（棉型黏胶纤维）；长丝状的称为人造丝。

黏胶纤维的性能特点是手感柔软、光泽好；吸湿、透气性能佳；色彩鲜艳、色谱全。但是，其容易褶皱，弹性差，湿强较低不耐洗，耐酸耐碱性略逊于棉。

（2）天丝纤维（Tencel）。

天丝纤维是环保型的再生纤维素纤维品种，以木材为原料加工制成，生产中化学剂的回收率可达99.9%，把生产过程中对环境的污染降到了最低。其织物的抗皱性能和强力，都比原产品有很大的提高。

三、合成纤维

合成纤维（Synthetic fiber）织物是指用人工合成的高分子化合物为原料，经纺丝和后加工而制得的化学纤维。服装中用得最多的合成纤维织物是涤纶、锦纶和腈纶（三大纶）的各种织物。氨纶作为新颖的弹性纤维，在合体服装中应用较多。

小贴士：

合成纤维原料主要来源于两个方面，一是从石油、天然气、煤中分离获取；二是从天然的工农业副产物中分离获取。

1. 性能特点

① 合成纤维织物强度高，牢度好，织物平整、挺括，弹性好，耐磨，不易发霉虫蛀，色彩鲜艳，不易褪色，具有热塑性能和易洗快干的性能。

② 织物易产生静电，吸附灰尘，粘身贴体，产生火花，易缠绕起球等。

③ 合成纤维与天然纤维性能最大的不同在于吸湿性差、具有热塑性。

小贴士：

热塑性能是指纤维遇热后会收缩、软化、熔融，趁热固定在某一状态，冷却后该状态能保持不变、水洗不掉的性能。即常说的一次定型的性能。

2. 外观风格

合成纤维的外观风格可以是多样的，仿生已非常逼真，但毕竟是合成纤维，弹性好，布面平整挺括；织物具有热塑性能，可一次定型；吸湿性差，易产生静电，起毛起球；色彩鲜艳，不易褪色等，合成纤维本身的性能将融入模仿的纤维织物中（图4–3–7）。

图4–3–7　合成纤维面料服装

3. 主要品种

合成纤维织物的主要品种有锦纶、涤纶、腈纶、丙纶、维纶、氯纶、氨纶等纤维的纯纺、混纺或包芯纱织物。例如，纯纺织物尼丝纺、弹涤绸、腈纶膨体花呢、丙纶细布、维尼龙白布等；混纺织物涤/锦花呢、涤/粘华达呢、涤/棉府绸、涤/毛派力司、涤/腈大衣呢等；还有各种氨纶包芯纱织物，化纤仿毛、仿绸、仿麻织物，中长纤维织物等。

（1）涤纶纤维（Polyester fiber）。

涤纶纤维是合成纤维中最主要的品种，学名为“聚酯纤维”。其织物坚牢、弹性好，是所有纤维中抗皱性最好的；耐热耐光，并有较好的一次定型性能。但是其吸湿、透气性能差，吸湿率仅为0.4%，易聚积静电，吸附灰尘。另外，需高温高压下染色（图4–3–8）。

（2）锦纶纤维（Nylon fiber）。

学名为“聚酰胺纤维”，主要品种有尼龙-66和尼龙-6。锦纶纤维强度高，耐磨性好，在纺织纤维中居首位；富有弹性，吸湿好，公定回潮率为4%；化学稳定性好；耐热耐光性能差；抱合性差。和涤纶相比，锦纶有较好的吸湿性，成为当前重点发展的合成纤维之一（图4-3-9）。

（3）腈纶纤维（Acrylic fiber）。

学名为“聚丙烯腈纤维”。腈纶外观白色，卷曲，蓬松，手感柔软，又称作“合成羊毛”；质轻、暖和、强度高；耐光、耐气候性好，耐光性是化学纤维中最好的；色泽鲜艳，吸湿差，润湿性好，耐磨差（图4-3-10）。

（4）氨纶纤维（Spandex fiber）。

学名为“聚氨酯弹性纤维”，是一种具有特别弹性性能的纤维。其有极好的延伸性和回弹性；化学稳定性好（图4-3-11）。

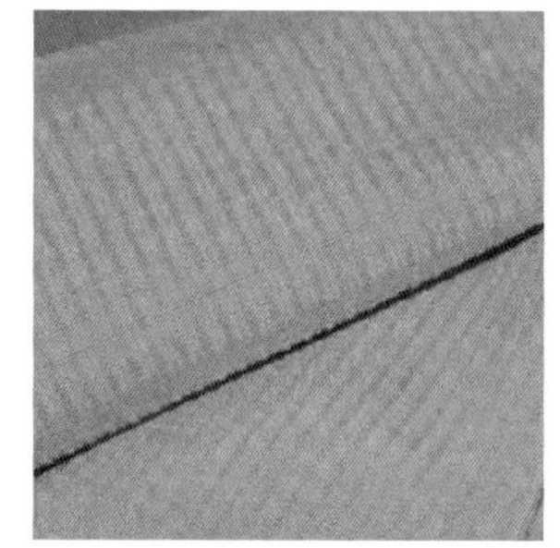

图4-3-8　涤纶面料

图4-3-9　锦纶面料

图4-3-10　腈纶面料

图4-3-11　氨纶面料

四、纤维对服装的性能影响与比较

1. 纤维对服装的性能比较

上面我们介绍了不同纤维原料的内在性能特点，便于我们在设计面料时正确地了解、选择、掌握和应用纤维。下面所示的是各纤维主要特性的序列，这些仅是定性的关系，比较直观和便于掌握。

（1）吸湿性。

吸湿性是指纤维材料在空气中吸收或放出气态水的能力。纤维的吸湿性直接关系到服装穿着的舒适性能、电性能和热性能等。在标准状态下，纤维吸湿性序列为：

羊毛 > 黄麻 > 黏胶纤维 > 富纤 > 苎麻 > 蚕丝 > 棉 > 维纶 > 锦纶-66 > 锦纶-6 > 腈纶 > 涤纶 > 丙纶。

（2）比重。

纤维的比重是指单位体积纤维的重量。它与服装的覆盖性和重量有关。其序列为：

丙纶 > 氨纶 > 锦纶 > 腈纶 > 维纶 > 腈氯纶 > 醋酯 > 羊毛 > 蚕丝 > 涤纶 > 铜氨 > 麻 > 黏胶纤维 > 棉 > 偏氯纶 > 玻璃纤维。

丙纶最轻，玻璃纤维最重。

（3）强度。

纤维的强度是指纤维受拉伸以致断裂所需的力。由于纤维粗细不同，难以比较，因此用每特（纤维粗细的单位）纤维能承受的最大拉力，也就是相对强度来比较。其序列为：

麻 > 锦纶 > 丙纶 > 涤纶 > 维纶 > 棉 > 蚕丝 > 铜氨 > 黏胶纤维 > 腈纶 > 氯纶 > 醋酯 > 羊毛 > 偏氯纶 > 氨纶。

（4）伸长。

纤维的伸长是指纤维被拉伸到断裂时，所产生的伸长值。伸长反映的是纤维的变形性能。其序列为：

氨纶 > 氯纶 > 锦纶 > 丙纶 > 腈纶 > 涤纶 > 羊毛 > 偏氯纶 > 蚕丝 > 黏胶纤维 > 维纶 > 铜氨 > 棉 > 麻 > 玻璃纤维。

（5）弹性模量。

弹性模量是用来表示纤维受到拉伸力的作用产生变形的初始状态的指标，又称初始模量。弹性模量小，说明纤维易变形，用不大的作用力就能使纤维产生较大的变形；弹性模量大，说明纤维要受到较大的作用力才开始产生变形。弹性模量反映纤维硬挺或柔软的性能。其序列为：

麻 > 玻璃纤维 > 富纤 > 蚕丝 > 棉 > 黏胶纤维 > 氯纶 > 铜氨 > 涤纶 > 腈纶 > 醋酯 > 维纶 > 丙纶 > 羊毛 > 锦纶 > 偏氯纶。

（6）耐磨性。

耐磨性是指纤维承受外力反复多次作用的能力。其序列为：

锦纶 > 丙纶 > 维纶 > 涤纶 > 偏氯纶 > 腈纶 > 氨纶 > 羊毛 > 蚕丝 > 棉 > 麻 > 富纤 > 铜氨 > 醋酯 > 玻璃纤维。

（7）热性能。

热性能是指纤维在受热过程中，随温度的升高，分子运动加剧，纤维的物理机械状态也随之发生变化的性能。大多数合成纤维在热的作用下，会经过几个不同的物理机械状态，如玻璃化、软化、熔融等；而天然纤维素纤维和天然蛋白质纤维的熔点比分解点还要高，所以这些纤维在高温下，将不经过熔融直接分解或炭化。根据不同的热性能，可控制适当的温度，进行服装的定型或平整处理。其温度序列为：

软化点：玻璃纤维 > 涤纶 > 锦纶-66 > 维纶 > 腈纶 > 醋酯 > 锦纶-6 > 氨纶 > 丙纶 > 偏氯纶 > 氯纶。

熔融点：玻璃纤维 > 腈纶 > 醋酯 > 涤纶 > 锦纶-66 > 维纶 > 锦纶-6 > 丙纶 > 氯纶 > 偏氯纶。

分解温度：黏胶纤维 > 铜氨 > 棉 > 蚕丝 > 麻 > 羊毛。

耐干热性：玻璃纤维 > 芳香族聚酰胺 > 涤纶 > 腈纶 > 维纶 > 锦纶 > 棉 > 丙纶 > 羊毛 > 氯纶。

耐湿热性：玻璃纤维 > 芳香族聚酰胺 > 腈纶 > 丙纶 > 棉 > 涤纶 > 维纶 > 羊毛 > 氯纶。

（8）耐日光性。

耐日光性是指纤维受日光照晒，强度损失的指标。这对经常露天穿用的服装较为重要。其序列为：

玻璃纤维 > 腈纶 > 麻 > 棉 > 羊毛 > 醋酯 > 涤纶 > 偏氯纶 > 富纤 > 有光黏胶纤维 > 维纶 > 无光黏胶纤维 > 铜氨 > 氨纶 > 锦纶 > 蚕丝 > 丙纶。

（9）比电阻。

纤维表面的比电阻，在数值上等于材料表面宽度和长度都是1厘米时的电阻值。电阻大表现为纤维易于积聚静电，吸附灰尘，粘贴皮肤和妨碍活动等。其序列为：

氯纶 > 丙纶 > 涤纶 > 锦纶 > 氨纶 > 羊毛 > 腈纶 > 维纶 > 蚕丝 > 棉、麻、黏胶纤维。

（10）耐酸性。

耐酸性是指纤维抵抗酸性腐蚀的性能。其序列为：

丙纶 > 腈纶 > 变性腈纶 > 偏氯纶 > 涤纶 > 玻璃纤维 > 羊毛 > 锦纶 > 蚕丝 > 棉 > 醋酯 > 黏胶纤维。

（11）耐碱性。

耐碱性是指纤维对碱侵蚀的抵抗能力。其序列为：

锦纶 > 丙纶 > 偏氯纶 > 变性腈纶 > 玻璃纤维 > 棉 > 黏胶纤维 > 涤纶 > 腈纶 > 醋酯 > 羊毛 > 蚕丝。

（12）易染纤维。

容易被染色的纤维有黏胶纤维、羊毛、蚕丝、锦纶。

（13）难染纤维。

不容易被染色的纤维有丙纶、氯纶、偏氯纶。

2. 纤维原料对于服装性能的影响

不同纤维原料，其内在性能有很大的不同，如棉耐洗，麻干爽；涤纶挺括漂亮，锦纶柔软舒服；纤维素纤维耐碱不耐酸，蛋白质纤维耐酸不耐碱；再生纤维吸湿透气但易皱，合成纤维吸湿性差但具有热塑性能；等等。

纤维原料对于服装性能的影响是内在的和本质的，原料的性能直接影响到服装的性能。比如棉纤维织物的服装，不管是牛仔裤、卡其外套、汗衫还是花布连衣裙，它们的舒适透气性、耐洗涤性能（湿强大于干强、耐碱不耐酸）、不易产生静电的性能、在潮湿环境中容易霉变的性能、面料会缩水、褪色、不易起毛起球的性能等是相同的，因为它们的原料是相同的。

再如相同款式的印花女衬衫，选择棉布、涤棉布、麻布、麻混纺布、全毛麦斯林、真丝双绉、涤纶绸、锦粘绸等不同原料织物制作的衬衫，它们的性能有很大的不同，有的舒服透气，有的闷；有的滑软，有的硬挺；有的有暖感，有的有冷感；有的易产生静电，有的不易产生静电；有的悬垂附体、造型柔美，有的挺括离体、造型夸张等，这都归因于它们面料的原料是不同的。

不同纤维原料织物的服装，它们的舒适、安全、卫生、保健等性能都会有很大的不同。

五、在服装设计中的应用（图4-3-12至图4-3-18）

图4-3-12　铜氨面料背心及阔腿裤

图4-3-13　铜氨面料风衣

图4-3-14　涤纶雪纺面料连衣裙

图4-3-15　锦纶针织面料运动服

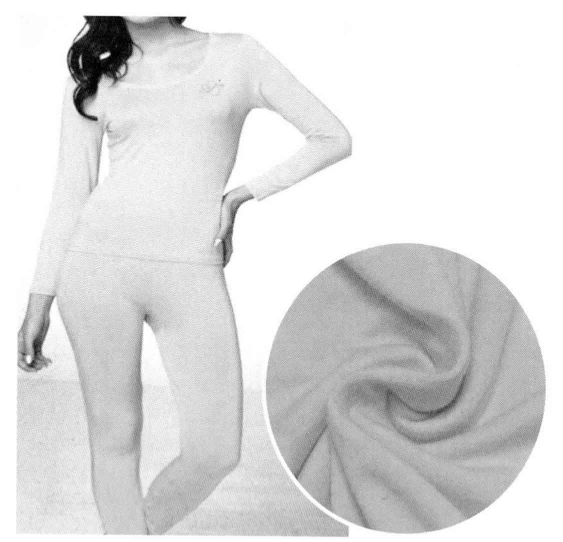
图4-3-16　大豆纤维面料内衣

图4-3-17　氨纶针织面料服装

图4-3-18　涤纶仿丝面料礼服裙

Workshop

4～5人为一组，以四季服装为主题类别，以自己的衣服为案例，对服装材料进行如下分析：

1. 不同纤维材料对服装外观的影响。
2. 不同纤维材料对服装手感的影响。
3. 不同纤维材料对穿着舒适性能的影响。
4. 请提出对不同季节服装穿着的愿景，并结合现在的生活理念，对服装材料纤维的发展提出设想。

第五章　织物的染整与应用

第一节　织物染整与服装

一、染整与服装的关系

在服装设计中织物的花色和外观风格可能是设计师考虑最多的因素，染整加工是实现织物花色和外观风格的关键工艺，也是构成加工成本和产生利润的重要部分。染整的品种多、工艺复杂，对于同一坯布，可进行染色、印花以及各种后整理等加工流程。

1. 织物染整加工的主要流程

坯布→前处理→印染→后整理→修验→包装。

通过对织物的染整，可以为服装带来多种多样的外观，同时也可以改善穿着性能。

2. 织物染整加工的目的

赋予织物色彩效果、形态效果（光洁、绒面、挺括等）和实用效果（不透水、不毡缩、免烫、不蛀、耐燃烧等）。织物后整理是改善织物的外观和手感，增进服用性能的工艺过程。

染整加工就其本质来说，是纺织品“锦上添花”的加工过程。随着生产技术和人民生活水平的提高，对服装纺织材料有了更高的要求，不仅要外观丰富，穿着舒适，新品辈出，还要有各种不同的风格、优越的性能和特殊的功能等，如整旧、皱褶的风格，贴钻、烫金的风格；易洗、免烫的性能，安全、保健的性能；阻燃、拒油的功能；防水透湿、防霉防腐、防静电的功能等，使织物的染整工艺成为现代织物构成中不可缺少的一部分。

二、染整的基本概念

1. 织物的染整（Fabric Dyeing and Finishing）

织物的染整是对织物进行最后的染色、印花和各种后处理加工的工艺过程。

2. 织物的前处理（Fabric Pre-treatment）

织物的前处理是指除去坯布上的杂质，光洁布面，使染整加工得以顺利进行。

小贴士：

在前处理工序中，可除去面料中的天然杂质、毛羽、污迹、油剂及浆料等。

3. 织物的染色（Fabric Dyeing）

染色即染上颜色，也称上色，是指用化学或其他的方法影响织物本身而使其着色。

4. 织物的印花（Fabric Printing）

使染料或涂料在织物上形成图案的过程为织物的印花。印花是局部染色，要求有一定的染色牢度。

5. 织物的后整理（Fabric Finishing）

一般采用专业的整理设备，通过物理或化学的手法，使各类纤维原有的个性优势显现出来，或者赋予织物一些特殊功能，从而提高织物的服用性能。

第二节　织物的印染

一、染色方法不同的织物

染色可以在纺织品制造过程的不同阶段进行，如可以在散纤维、纤维条、纱线、织物或者成衣等不同阶段染色，这取决于加工的织物或成衣的风格要求。纤维制品按染色方法不同可分为原色面料、印染面料、色织面料和色纺面料。

小贴士：

从成本上看，一般来说，原色面料<印染面料<色织面料<色纺面料。因为后者的工序复杂，所以生产周期长，成本高，但效果丰富。

1. 原色面料

原色面料是指不经染色加工的织物本身颜色的面料。它成本低、生产周期短。

① 外观风格：原色面料无色彩感，具有原始、本色、不加修饰的特点。

② 列举织物：原色面料用得最多的是全棉平纹白坯布，因其成本低、生产过程简单、面料身骨较好，常用来做立裁的材料，熨烫服装的垫布，服装的袋布、胆布，面料的包装材料等。原色面料还有其他原料和组织织物的坯布等（图5–2–1、图5–2–2）。

2. 印染面料

印染面料是指经印花或染色加工的服装面料。它的加工过程是染坯布。印染面料生产成本相对较低，生产周期也较短（图5-2-3至图5-2-6）。

图5-2-1　原色面料1
图5-2-2　原色面料2
图5-2-3　染色面料1
图5-2-4　染色面料2
图5-2-5　印花面料1
图5-2-6　印花面料2

① 外观风格：印花、染色面料，它的染色过程在面料织造完成之后，因此色彩是在织物的表面，较肤浅。

印花面料色彩丰富，图案表现自然，风格多样，是服装面料中使用较多的花纹面料，织物以薄型的为多。染色面料一般为单色，织物有不同厚薄、不同原料、不同组织、不同织造方法之分，在服装中运用面广。

② 列举织物：印花的有全棉印花衬衫面料、印花沙滩装面料、印花绒布、蓝印花布等；真丝的有印花双绉、印花电力纺、印花乔其纱、印花绉缎、印花绸等；人造棉的有印花人造棉布、印花桑面绸、印花人棉双绉等；麻的有印花亚麻布、印花苎麻布等；羊毛的有印花麦斯林等；合成纤维的有印花仿丝绸、印花涤棉布等。

染色的有全棉色布、涤棉色布、亚麻色布、苎麻色布、素色真丝绸、素色人棉布、素色尼丝纺、涤丝纺等。

3. 色织面料

色织面料是指将纱线染色后，将不同颜色的纱线排列，然后再进行织造和后整理的服装面料。它的加工过程是染纱线。色织面料的生产成本较高，生产周期也较长，色彩牢度也较好（图5-2-7至图5-2-10）。

① 外观风格：色织面料因是染纱线的，所以织物色彩深入，花纹立体感强。

② 列举织物：色织面料有牛仔布、青年布、牛津纺、线呢、条格布、条格绒、中长仿毛织物等。色织面料以棉织物和棉混纺织物居多。

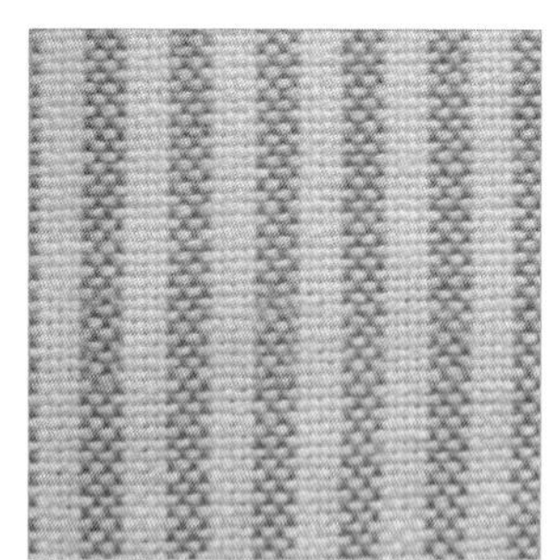

图5-2-7　色织条纹面料

图5-2-8　色织格子面料

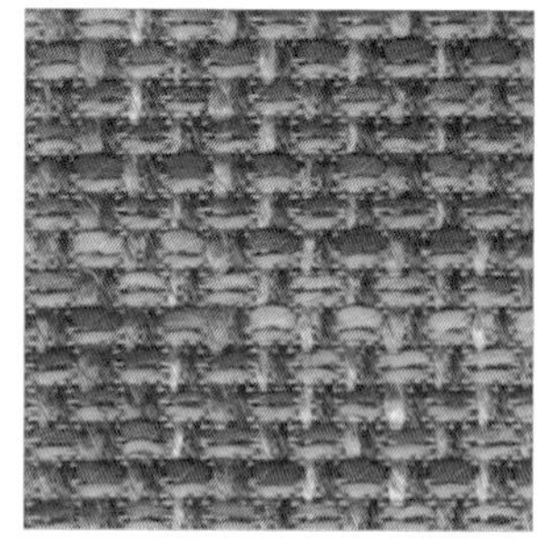

图5-2-9　色织仿呢面料

图5-2-10　色织牛仔面料

4. 色纺面料

色纺面料是指将纤维或毛条染色后，将不同颜色的纤维混合、毛条合并，再经纺纱、织布、后整理工艺而制得的服装面料。它的加工过程是染纤维。色纺面料生产成本较高，生产周期也较长（图5-2-11至图5-2-15）。

① 外观风格：色纺面料最大的特点是面料色彩层次丰富，有空间混合的效果。素色面料有丰富、浓郁、多彩的感觉。

② 列举织物：如薄型精纺毛织物——派力司，布面有明显的雨状条纹，层次感强；中型精纺毛织物——啥味呢，色彩浓郁、柔和，色彩层次丰富；粗纺毛织物中色纺织物最多，如法兰绒、钢花呢、霍姆斯苯、彩芯粗花呢、银枪大衣呢等都是色纺毛织物的代表品种。色纺面料在毛织物中最多。

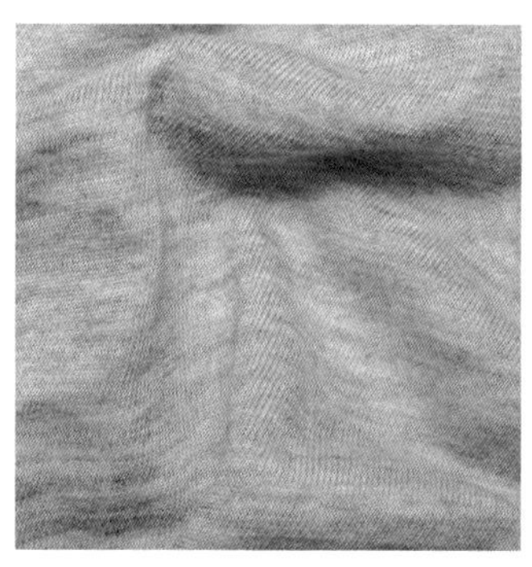

图5-2-11　色纺面料

图5-2-12　色纺精纺毛料

图5-2-13　色纺钢花呢面料

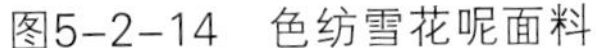

图5-2-14 色纺雪花呢面料

图5-2-15 色纺啥味呢面料

二、印花方法不同的织物

织物染色是在染液中进行；而织物印花则是将染料调制成印花色浆，通过涂抹色浆上色。织物的印花工艺按材料分，常用的有水浆印花与胶浆印花两类。

1. 水浆印花（Water Print）

水浆是一种水性浆料，适合于印在浅色面料上。水浆印花是应用较广的印花种类。它不会影响面料原有的质感，所以较适合用于大面积的印花图案，特点是手感柔软、色泽鲜艳、价格便宜，但浅色不能覆盖深色，会浸到面料中（图5-2-16、图5-2-17）。

小贴士：

水印比较适合印在浅色面料上，如白色、米色；而深色面料则不能使用水印，如黑色。

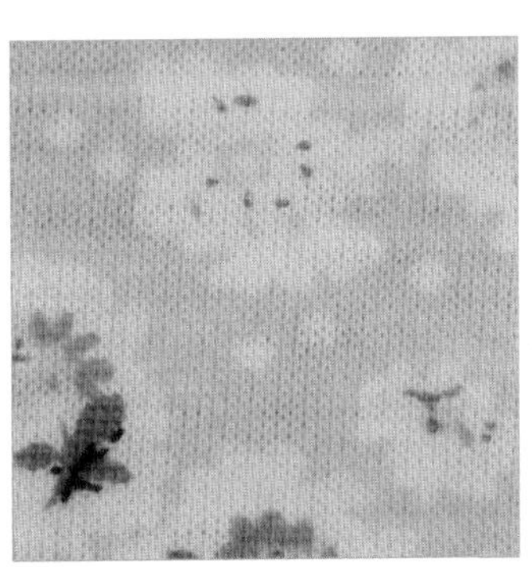

图5-2-16 水浆印花面料1

图5-2-17 水浆印花面料2

2. 胶浆印花（Rubber Print）

通过分色套印的方法，将色浆印在布面上。由于胶浆的覆盖性非常好，使深色衣服上也能够印上任何的浅色，而且有一定的光泽度和立体感，使成衣看起来更加高档，所以它得以迅速普及，几乎每一件印花T恤上都会用到它（图5-2-18、图5-2-19）。

小贴士：

由于胶印有一定硬度，所以不适合大面积的实地图案。用水、胶浆结合来解决大面积印花的问题较好。

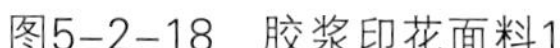
图5-2-18　胶浆印花面料1

图5-2-19　胶浆印花面料2

3. 水浆印花和胶浆印花的区别

①结构的区别：水印吸收渗透到面料的内部；胶印仅仅是胶层粘附在面料的表层。

②面料的薄厚：水印多用于薄面料；胶印薄厚均可。

③正面的图案：面料正面水印图案清晰度较好；胶印清晰度一般。

④背面的图案：水印因渗透性强，背面图片较清晰；胶印背面图案不清晰，几乎看不到图案。

⑤印花稳固性：水印洗水后较容易掉色；胶印洗后不容易掉。但胶印有胶层，做不好胶层容易脱落。

⑥面料的颜色：水印多用于浅色的面料（若在黑色面料上水印红色，估计完全没有效果）；胶印覆盖性强，不受面料颜色限制。

⑦印花的质感：胶印因为有胶层，印花表面的质感、光泽度和立体感更好，但大面积的胶印会降低面料的透气性。

⑧印花的成本：一般胶印比水印成本贵。

4. 数码印花

数码印花，顾名思义是随着数码技术而发展起来的印花方式（图5-2-20、图5-2-21）。该印花技术利用打印机喷墨原理，对墨水施加外力，将染料直接喷到织物表面，使其通过喷嘴喷射到织物上形

图5-2-20　数码印花面料1

图5-2-21　数码印花面料2

成色点，从而形成印花图案，最后经固色处理后完成印制过程。数码印花技术打破了传统生产套色和花回长度的限制，印刷色彩丰富、效果细腻，图案位置灵活、大小可变。该技术大大缩短了印花的工艺路线，有效降低了打样成本。数码印花过程中，几乎不产生染化料的浪费，没有废水产生，促进了“纺织品绿色制造”的发展。

第三节　织物的后整理

一、后整理的方法与工艺

1. 织物后整理的方法

纺织物的整理方法可分为物理—机械整理和化学整理两类。

（1）物理—机械整理。

物理—机械整理即单靠机械作用完成的整理过程，如粗纺织物的起毛、剪毛，合成纤维织物的热定型等。

（2）化学整理。

化学整理是使化学剂在纤维上发生化学反应或物理变化，或将化学制品覆盖于纤维表面，从而获得整理效果。化学整理需要经过浸轧、焙烘等过程，如丝光整理、树脂整理、减量柔软整理、加重整理、涂层整理等。

2. 织物后整理的作用

① 稳定尺寸，改善外观。

② 改善手感，优化性能。

③ 使织物多功能、高附加值。

④ 使织物高级化。

⑤ 满足特殊要求。

3. 不同织物的整理工艺

（1）棉、麻织物整理工艺。

棉织物的特点是耐洗涤、吸湿性好、穿着舒适，但光泽较蚕丝差、回弹性不及羊毛、容易起皱等。因此，棉织物的整理应尽可能保持其特性，并使其在一定程度上获得其他纤维的优点，为此，可进行丝光整理、电光整理、防皱整理、预缩水整理等。麻织物容易起皱，可采取上浆整理、轧光整理和拒水整理等。

如有其他特殊要求，亦可经整理获得。如水洗、石磨、生物洗、起皱定型、无针刺绣、植绒、转移印花等。

（2）蚕丝织物整理工艺。

蚕丝织物手感柔软，光泽悦目，回弹性比棉、麻纤维好，一般蚕丝织物不需特殊整理。缎类织物用明胶等单面上浆再经柔和处理，可取得丰实而柔和的手感。丝绒织物须经刷毛、剪毛整理。

蚕丝织物还可经整理获得更好的效果。如加重整理、防皱整理、防褪色整理、砂洗整理、涂层整理（薯莨汁液涂层）等。

（3）毛织物整理工艺。

毛织物有良好的保暖性和回弹性。通过缩绒整理可使毛织物紧密厚实，表面覆有绒毛；经蒸呢、煮呢和压呢等整理能使毛织物形态稳定，手感柔和，改善服用性能。

另外，毛织物还可以进行防毡缩整理（丝光整理、可机洗整理）、防蛀整理、拒水整理、形态记忆整理、干爽整理等。

（4）化学纤维及其混纺、交织织物的整理工艺。

化学纤维织物的特性随品种而异，整理工艺也各不相同。

黏胶纤维手感柔软，长丝可以织成仿蚕丝织物，产品的干、湿强力都较差，很容易起皱，缩水率很大。采用化学防皱整理，可以增进防皱性能，提高强力和降低缩水率。

涤纶、锦纶等热塑性合成纤维织物经过热定型整理，可得到良好的形态稳定性。但由于吸湿性差、容易沾污，可用易去污整理和防静电整理等方法，以改善其服用性能。

化学纤维的混纺和交织织物，可按照产品的棉型、毛型或丝绸型等设计要求，分别参照棉织物、毛织物或丝织物的整理要求，结合化学纤维的特性采用不同的整理工艺。

二、后整理的具体加工工艺

1. 改善织物性能的后整理

（1）磨毛。

磨毛是指用砂磨辊使织物表面产生一层短绒毛的整理工艺，也称磨绒。

① 外观风格：磨毛后的织物比原来厚实、柔软、温暖、光泽柔和。

② 列举织物：如将超细纤维织物磨毛后，就成为人造麂皮绒了；纱卡磨绒后手感更饱满、柔软，舒服；涤纶变形纱织物、涤纶高收缩纱织物等都可以进行磨毛整理，外观和手感都会有很大改善（图5-3-1至图5-3-3）。

小贴士：

磨毛床品冬天使用时柔软、温暖、舒适，价格也比较高，因为毛要好，而且必须活性印花。

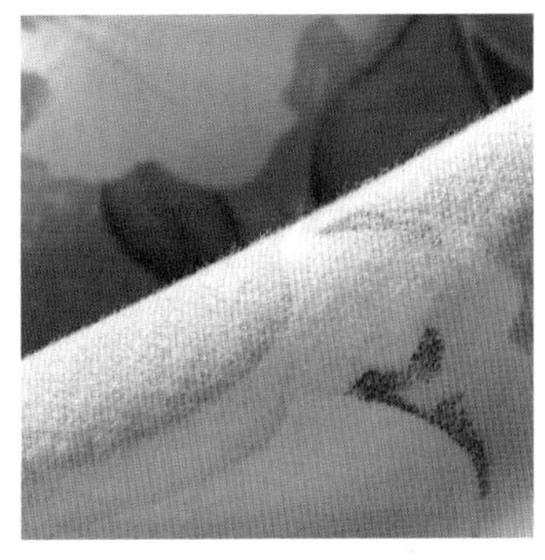

图5-3-1　磨毛面料1

图5-3-2　磨毛面料2

图5-3-3　磨毛面料家纺产品

（2）拉绒。

拉绒是指用刺毛辊对面料进行拉抓，将纤维拉出在织物表面形成短密绒毛的工艺过程。拉抓压力的大小和拉抓次数的多少，是保证拉绒质量的关键（图5-3-4至图5-3-7）。

图5-3-4　拉绒面料衬衫

图5-3-5　拉绒面料睡衣

图5-3-6　拉绒经编面料

图5-3-7　拉绒色织条格绒布

① 外观风格：织物拉绒后变得蓬松、柔软、保暖。

② 列举织物：如各种印花绒布，可做婴儿服装面料、冬季睡衣面料等；色织条格绒布，可用作休闲衬衫面料等；还有毛织物大衣呢、绒面粗花呢等。

（3）割绒。

割绒是指将起绒组织的起绒纱线割断，使之矗立，形成整齐绒毛的加工过程。

① 外观风格：织物表面绒毛矗立，整齐、密集，可形成一定高度。

② 列举织物：如各种灯芯绒织物、机织长毛绒织物、针织长毛绒织物等（图5-3-8至图5-3-10）。

图5-3-8　割绒宽条灯芯绒面料

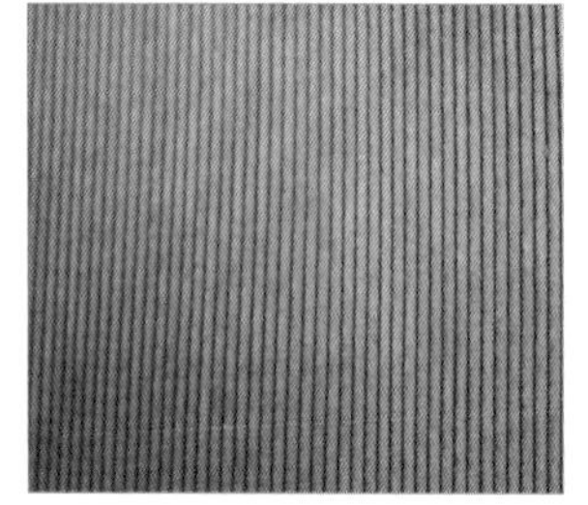

图5-3-9　割绒细条灯芯绒面料

图5-3-10　割绒面料服装

（4）轧光（电光、轧纹）。

轧光是指利用织物在湿热条件下的可塑性，用轧辊将织物压平、压扁、压光、压出纹理，以增强织物的光泽、光滑、平挺、外观纹理效果的工艺过程。

① 外观风格：轧光后的织物更薄，更亮泽，更光滑，身骨更好，不容易起毛起球，服装离体，夏季穿着更凉快舒服。轧纹后的织物表面轧有凹凸纹理，增加了织物的花色，立体感强。

② 列举织物：有全棉轧光布、轧纹布，涤棉轧光布、轧纹布等，非常适合夏季服装面料。麂皮绒轧纹面料、细灯芯绒轧纹面料等，表面凹凸肌理感强，有很强的装饰效果（图5-3-11至图5-3-13）。

图5-3-11　轧纹面料1

图5-3-12　轧纹面料2

图5-3-13　轧纹面料窗帘

（5）增白。

增白是指利用光的补色原理，用上蓝和荧光的方式，增强织物白度的整理工艺过程。上蓝是在漂白的纺织物上施以很淡的蓝色染料或颜料，借以抵消黄色。由于增加了对光的吸收，纺织物的亮度会有所降低而略显灰暗。荧光增白是用接近无色的有机化合物做增白剂。

① 外观风格：增白后的面料比原来白度增强，带有蓝、紫色光，比原来更清爽、漂亮。

② 列举织物：有漂白织物的增白，浅色织物的增白等（图5-3-14至图5-3-16）。

图5-3-14　增白面料1

图5-3-15　增白面料2

图5-3-16　增白面料服装

（6）上浆。

上浆是指将织物浸涂浆液并烘干，以获得厚实手感和硬挺外观的整理过程。

① 外观风格：上浆后的面料比原来的厚实、平整、挺括，浆液可调节，可轻浆或重浆；也可在浆液中添加柔软剂、填充剂或荧光增白剂，以获得更多的效果。

② 列举织物：需要造型性能较好的服装，面料可进行上浆整理，以增强面料的厚实感、挺括性等（图5-3-17至图5-3-19）。

图5-3-17　上浆面料床上用品

图5-3-18　上浆面料台布

图5-3-19　上浆面料餐巾折花

（7）免烫（防皱）整理。

用树脂或其他整理剂提高纤维的回弹性，使织物在服用中不易褶皱的整理工艺。

① 外观风格：免烫整理的织物外观保持性较原来有所提高，平整、挺括、不易褶皱，织物尺寸稳

定，缩水率下降，但有些指标会受些影响。

② 列举织物：免烫（防皱）整理多用于易皱的纤维素织物，如全棉织物的免烫整理，黏胶织物的免烫整理，甚至真丝织物的免烫整理等（图5-3-20至图5-3-23）。

图5-3-20　真丝免烫面料

图5-3-21　全棉免烫面料

图5-3-22　免烫面料衬衫

图5-3-23
免烫卡其面料裤子

（8）水洗、砂洗、石磨。

水洗、砂洗、石磨都是对面料进行整旧处理的加工方法。

① 外观风格：水洗、砂洗、石磨处理后的面料，外观朴素、自然，有穿旧褪色的感觉，表面似有短茸毛，手感柔软，布料亲和，稳定性好。

② 列举织物：如水洗棉布，柔软、泛白、缩水小；砂洗真丝绸，光泽柔和、尺寸稳定、手感舒适、表面有细短白色茸毛；水洗石磨牛仔布，柔软、舒适、怀旧；水洗卡其布、灯芯绒、帆布，砂洗电力纺、真丝绸等，都是常见的织物品种（图5-3-24至图5-3-29）。

小贴士：

一般在水洗时还可以加入其他试剂，可以更好地提高面料的手感。

图5-3-24　水洗麻织物

图5-3-25　水洗牛仔面料

图5-3-26
水洗针织牛仔面料

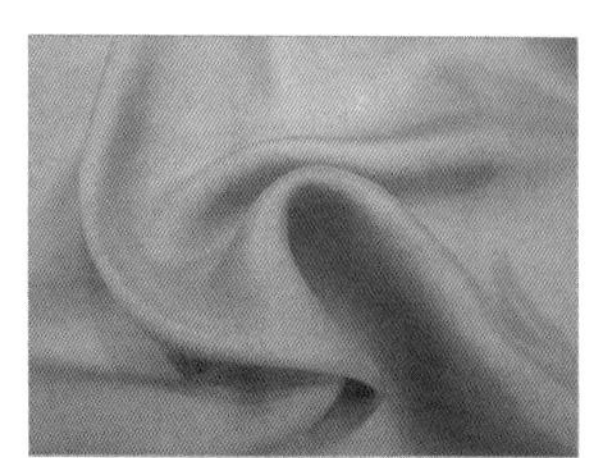
图5-3-27
砂洗真丝面料

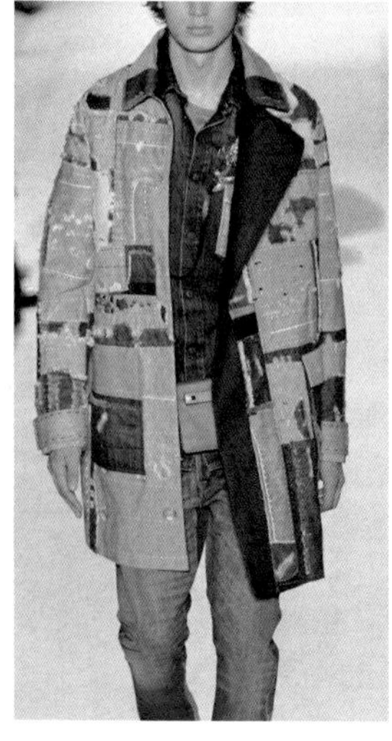
图5-3-28
水洗牛仔面料服装

图5-3-29
砂洗真丝面料服装

（9）涂层。

涂层是指在织物表面涂覆或黏合一层高分子材料，使织物具有特殊功能或特殊外观的整理工艺。

① 外观风格：涂层属添加加工工艺。涂层在现代织物中的应用越来越广，许多织物的特殊外观风格，都可以通过涂层的方法获得。如织物的金属色涂层，可以获得金属般铮亮的光泽；荧光色涂层，可以使织物的光泽晶莹透亮；仿漆面涂层，能使织物像刷了油漆般光亮；橡塑涂层、仿皮革涂层等，都能使织物获得与原来完全不同的外观面貌。涂层整理能使面料更具有现代感，具有特殊的风格。

② 列举织物：如仿皮革涂层面料，太空服涂层面料，金属色涂层面料，荧光色涂层面料等（图5-3-30至图5-3-33）。

小贴士：

涂层在改善织物外观或性能时，有可能会影响到织物的透气性。

图5-3-30 涂层面料1

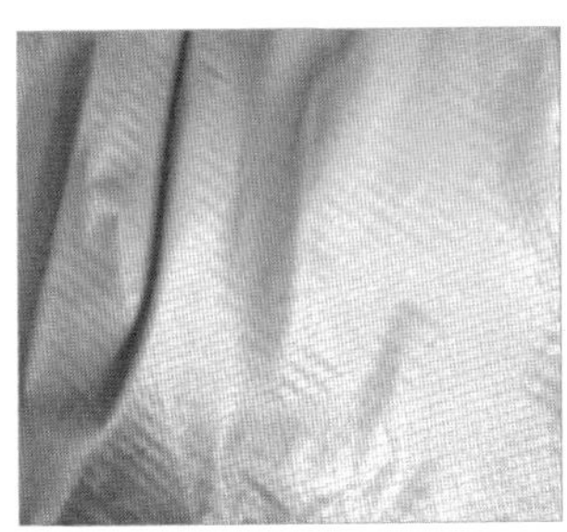

图5-3-31 涂层面料2

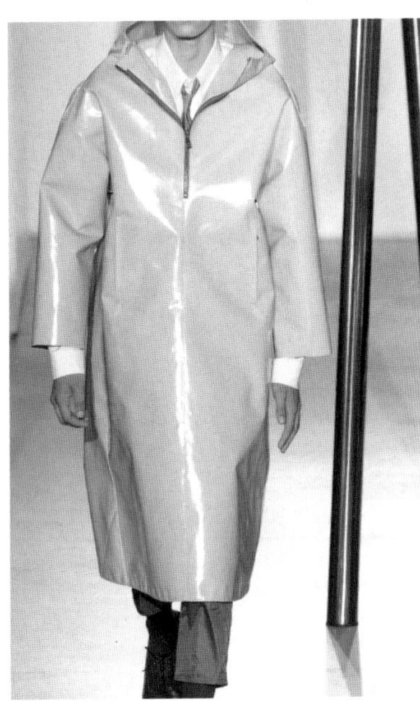

图5-3-32 涂层面料风衣

图5-3-33 涂层面料羽绒服

2. 增强织物外观装饰效果的后整理

（1）绣花。

绣花是指用针线在面料上进行缝纫，由缝纫线线迹形成花纹图案的加工过程。绣花有手绣、机绣、电脑绣；有单色绣、彩色绣；有十字绣、链条绣等不同的绣花工艺。

① 外观风格：绣花是在面料上添加缝纫线，形成具有立体感的花纹图案。绣花面料给人的感觉精致、细腻，有很强的艺术感染力。

② 列举织物：有真丝绣花面料、全棉绣花面料、麻绣花面料，甚至还有毛织物绣花面料；很厚的大衣呢、牛仔布都可用绣花工艺，将精致的加工方法与粗犷的织物风格相结合，产生激烈的碰撞，这是现代服装的特点（图5-3-34至图5-3-37）。

图5-3-34 绣花面料1

图5-3-35 绣花面料2

图5-3-36 绣花面料3

图5-3-37 绣花面料4

（2）烂花。

烂花是指用化学的方法，烂去织物中的部分纤维，使织物形成半透明图案的加工工艺。烂花面料由两种纤维原料组成，其中一种一般为纤维素。

① 外观风格：烂花加工是减缺的加工方法，使部分织物变薄、变透明，有一种神秘的、浪漫的和妩媚的感觉。

② 列举织物：如涤棉烂花、涤粘烂花、涤麻烂花、真丝/人造丝烂花、真丝/麻烂花等（图5-3-38至图5-3-40）。

图5-3-38 丝绒烂花面料

图5-3-39 涤棉烂花面料

图5-3-40 涤粘烂花面料

（3）剪花。

剪花是指将织花面料上面长的浮长用剪刀剪断，将纱线留在面料上形成特殊外观风格的工艺过程。

① 外观风格：剪花织物表面有外露的纱线，毛茸茸的，纱线有的长，有的短，有的是花色纱线，外观风格别致，给织物增添了无尽的趣味性。剪花面料一般以有外露纱线的一面为正面，亦可反之。

② 列举织物：剪花织物有小提花剪花的，也有大提花剪花的；有单色的，也有彩色的；有长丝的，也有短纤的；等等（图5-3-41至图5-3-44）。

（4）轧花、轧皱。

轧花是指利用合成纤维的热塑性能，在加热时对面料进行轧花定型，冷却后花纹保持，水洗不掉的工艺过程。

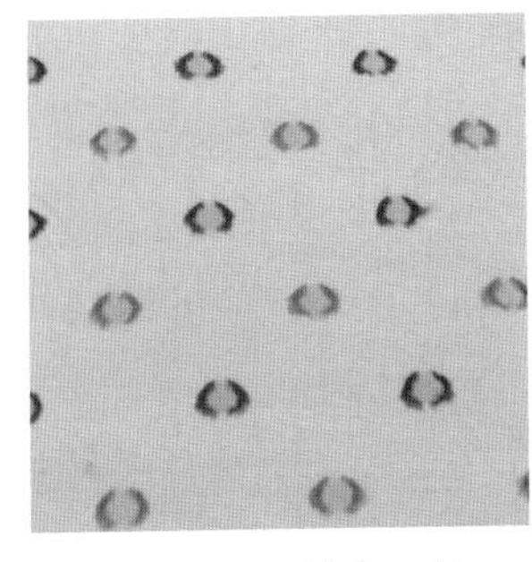

图5-3-41　剪花面料1

图5-3-42　剪花面料2

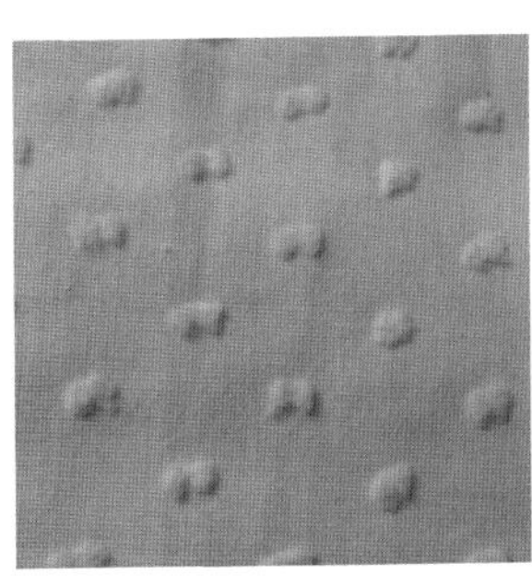
图5-3-43　剪花面料3

图5-3-44　剪花面料4

① 外观风格：轧花面料必须要含有合成纤维成分，否则花型保持不了。轧花面料表面由褶皱形成花纹，有很强的表面肌理感，但整个布面压烫得较平整。轧皱面料表现的花纹呈不规则皱纹，自然、随意、偶然天成，符合当代人的审美要求。

② 列举织物：有合成纤维长丝轧花面料、合成纤维短纤轧花面料、合成纤维混纺织物轧花面料、机织轧花面料、针织轧花面料等（图5-3-45至图5-3-47）。

图5-3-45
羊毛涤混纺轧皱面料

图5-3-46　轧皱面料1

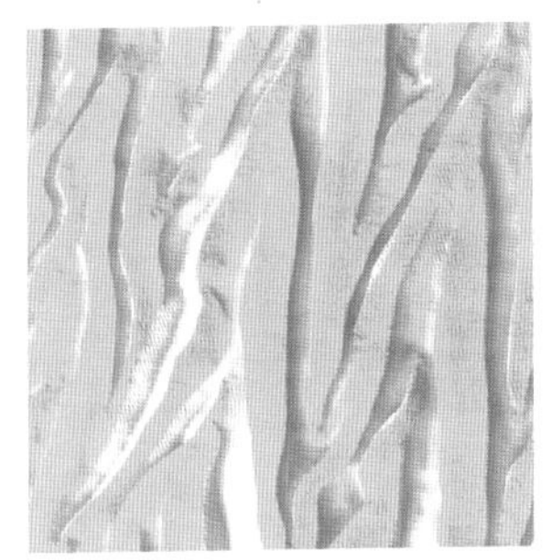
图5-3-47　轧皱面料2

（5）起皱。

起皱是指用不同松紧、不同延伸性、不同收缩的纱线，使织物表面形成皱纹的工艺过程。

① 外观风格：起皱织物表面有明显的皱纹，可以是具象的，但更多是抽象的，织物凹凸不平，肌理感特强。

② 列举织物：如经向排列较松，纬纱用强捻纱织造的绉布、双皱等，整理后皱纹更明显；用氨纶纱线绣花的起皱纹样，面料有较大的延伸性；间隔地加入少量弹力纱线的皱纹面料；用棉和涤棉纱线织造的面料经收缩处理后的织物等（图5-3-48至图5-3-51）。

（6）褶皱。

褶皱是指用任意的方法将面料揉皱，然后用化学剂把皱纹固定、保持住的整理加工方法。

① 外观风格：布面呈现较大的、不规则的皱纹纹理，织物蓬松、身骨好、有夸张感。

② 列举织物：如全棉手抓绉布，皱纹自然、保持良久、肌理感强；真丝缎褶皱皱纹面料，光泽

好、手感软、皱纹深，有另类的装饰效果；亚麻褶皱面料，羊毛褶皱面料等，都与面料本身的外观有很大的不同，表面肌理感特别强（图5-3-52、图5-3-53）。

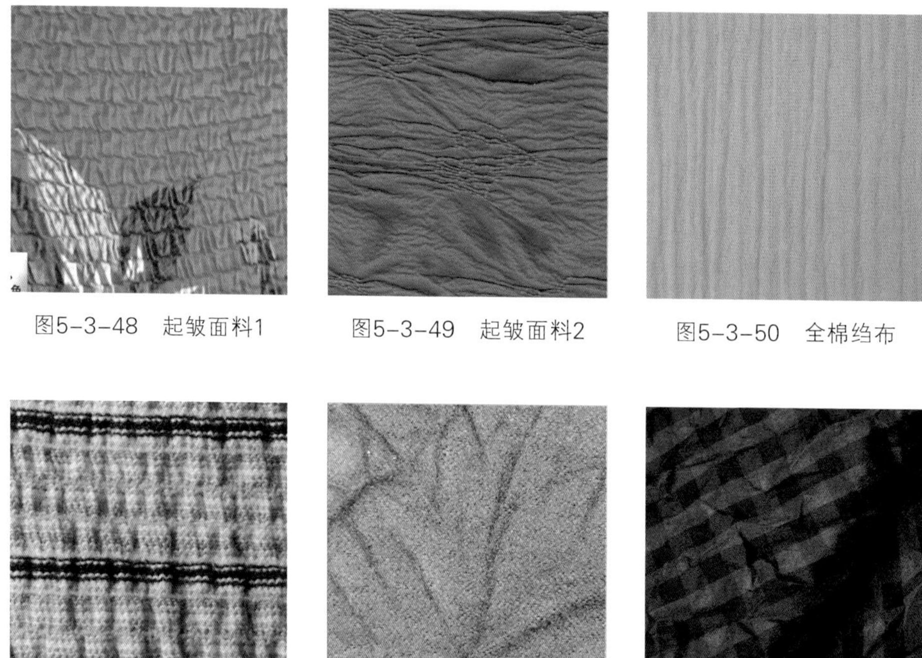

图5-3-48　起皱面料1　图5-3-49　起皱面料2　图5-3-50　全棉绉布

图5-3-51　棉锦绉布　图5-3-52　褶皱面料1　图5-3-53　褶皱面料2

（7）植绒。

植绒是指用黏合的方法将细短绒毛吸附在面料上，形成花纹图案的加工方法。

① 外观风格：植绒采用添加的方法，在织物上添加黏合绒毛，使织物表面产生凸起的绒面图案，光泽柔和，立体感强。在不同的面料上植绒，能产生不同的外观风格。

② 列举织物：如在牛仔面料上进行的植绒，在针织面料上进行的植绒，在棉布上进行的植绒，在丝织物上进行的植绒等（图5-3-54至图5-3-56）。

图5-3-54　真丝植绒面料

图5-3-55　植绒面料1

图5-3-56　植绒面料2

（8）泡沫印花、滴塑印花。

泡沫印花、滴塑印花是指将发泡剂加入染液进行印染加工，使花纹图案凸起并具有柔软手感的印花工艺过程。

① 外观风格：织物花纹凸起，具有很强的立体感、装饰效果和肌理感。

② 列举织物：如牛仔布上的泡沫印花图案，仿皮织物上的泡沫印花图案，帆布上的泡沫印花图案等（图5-3-57至图5-3-59）。

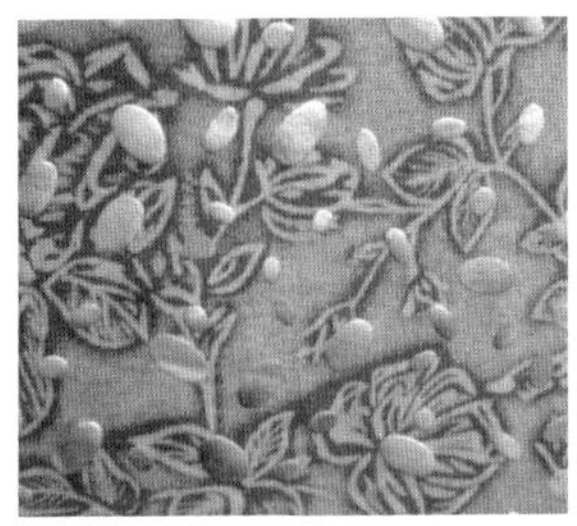

图5-3-57　滴塑面料1

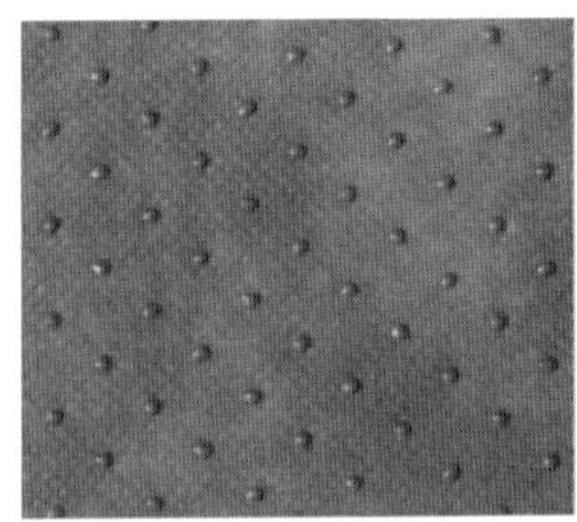

图5-3-58　滴塑面料2

图5-3-59　滴塑面料3

（9）绒线绣、绳带绣。

绒线绣、绳带绣是指将不同装饰感的纱线、绳带，用缝缀的方式连接在面料上，形成花纹图案的工艺过程。

① 外观风格：绒线绣、绳带绣是在面料上添加线、绳、带等的加工工艺。绒线绣、绳带绣织物的风格因不同绒线、绳、带的外观不同而不同，如段染绒线绣织物，色彩斑斓，层次丰富，有较强的装饰感；斜料布带绣织物，有的布带与面料同色，用缝纫线将布带缝缀在面料上，攀附缠绕，形成立体感、整体性非常强的外观感觉；缎带绣织物、圆绳绣织物等都具有非常好的外观效果。

② 列举织物：如不同面料的绒线绣织物、缎带绣织物等（图5-3-60至图5-3-65）。

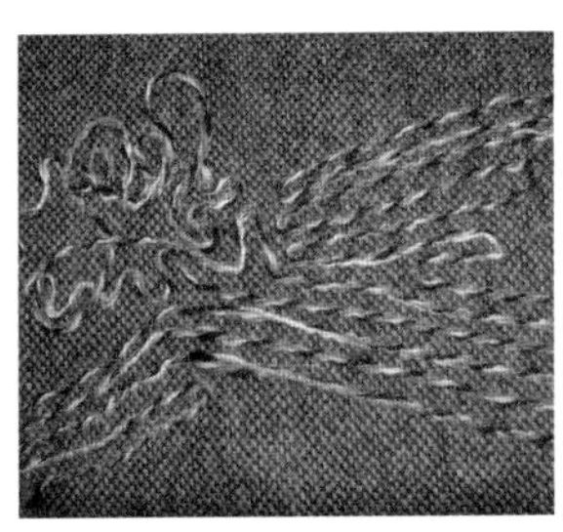

图5-3-60　绒线绣面料

图5-3-61　绳带绣面料1

图5-3-62　绳带绣面料2

图5-3-63　绳带绣面料3

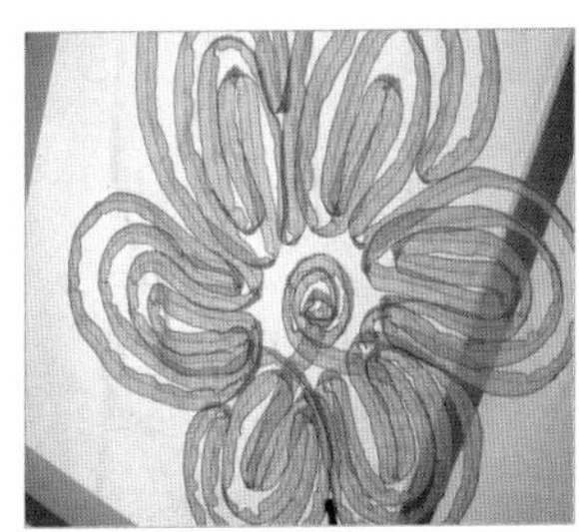

图5-3-64　绳带绣面料4

图5-3-65　绳带绣面料5

（10）亮片绣、珠绣。

亮片绣、珠绣是指用缝钉的方式将漂亮的珠子、亮片添加到织物上，形成装饰图案的加工工艺（图5-3-66至图5-3-69）。

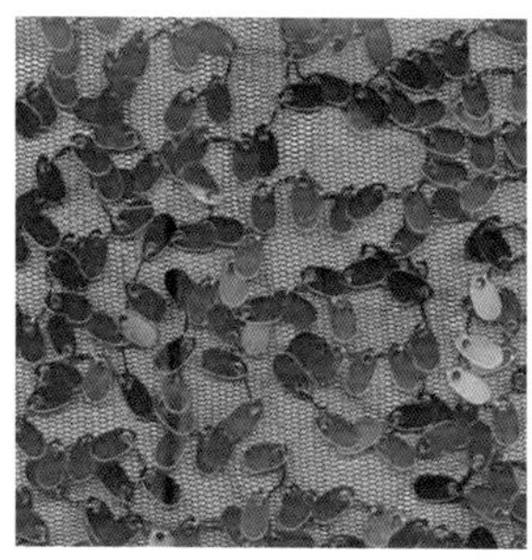

图5-3-66 亮片绣面料1

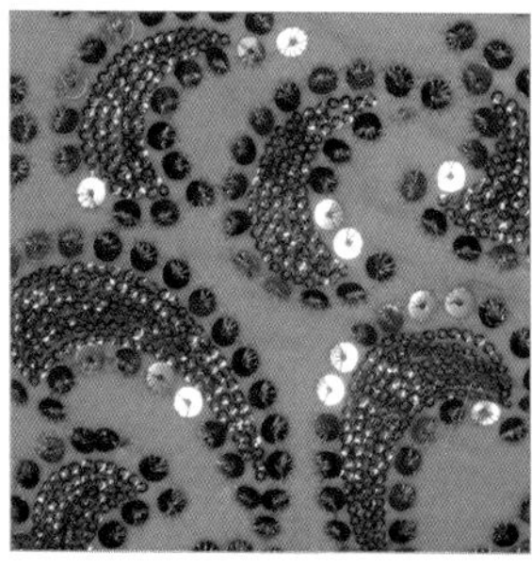
图5-3-67 亮片绣面料2

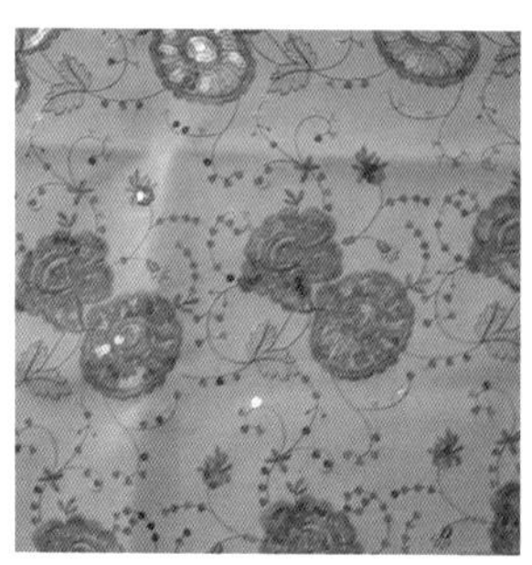
图5-3-68 亮片绣面料3

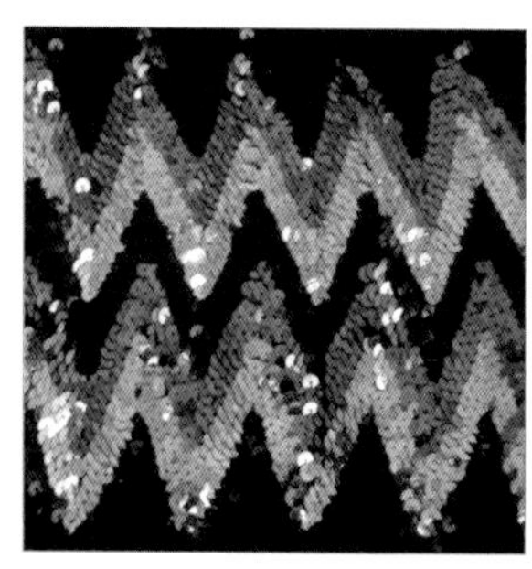
图5-3-69 亮片绣面料4

① 外观风格：光泽感、装饰感很强的珠子、亮片给面料带来高贵、华丽的感觉，色彩和图案的搭配，使面料具有强烈的艺术感染力。

② 列举织物：如用作旗袍的珠绣、亮片绣面料；用作夜礼服的珠绣、亮片绣面料；华丽时装的珠绣、亮片绣面料等。

小贴士：

简单的平面图案的珠绣可以用机器完成，但是复杂的立体图案需用手工完成，所以珠绣的面料成本较高。

（11）贴花。

贴花是指将布料剪出图案，然后用缝纫的方法在周边缝绣，连接到面料上去的加工工艺（图5-3-70、图5-3-71）。

① 外观风格：贴花亦属于添加手法。布料的花纹、质感、肌理与缝纫线的色彩、针迹共同形成的花纹图案，有一定的装饰性和立体感。

② 列举织物：针织服装胸前的贴花纹样，绒感的布料与光洁丝线结合，具有对比性和装饰感；儿童服装上的水果、动物等可爱图案，贴绣在面料上，同样具有很强的装饰性；羊毛衫上丝绸面料贴花，丝线缝绣镶嵌水钻，显得高贵典雅。

（12）贴布绣。

贴布绣是指将与本身面料不同外观和不同质地的织物，用缝纫线缝缀到面料上的加工工艺（图5-3-72、图5-3-73）。

图5-3-70 贴花面料1

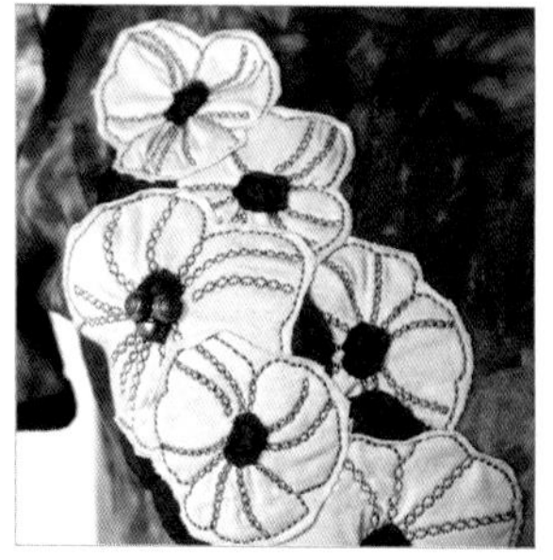
图5-3-71 贴花面料2

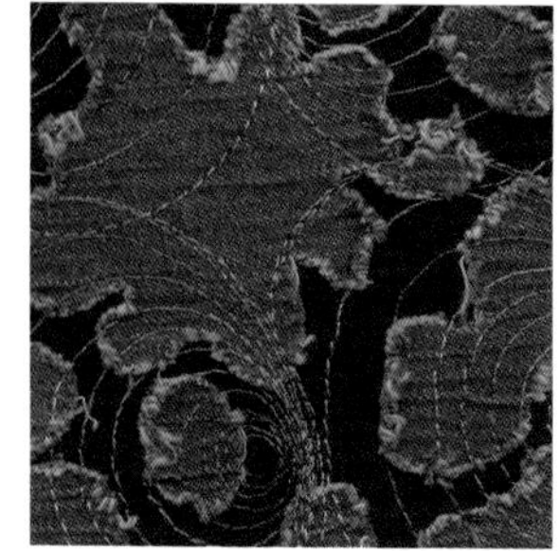
图5-3-72 贴布绣面料1

图5-3-73 贴布绣面料2

① 外观风格：添加到面料上的织物形状怪诞，不修边际，翻卷飘动不定，缝纫线色彩斑斓，线迹自由来回，整体给人新颖别致、层次丰富、视觉冲击力强的装饰效果。

② 列举织物：如用多色亮泽的缝纫线，将不规则的毛边牛仔布，缝缀添加到柔软的针织织物上的面料；将不规则的薄纱缝缀到细薄的棉布上，印上抽象花纹色彩的面料等。

（13）绗缝绣。

绗缝绣是指在带有填充物的面料上进行的各种绣花加工工艺（图5-3-74至图5-3-77）。

① 外观风格：绗缝绣外观饱满，图案凸起，有浮雕感。加上绣线的色彩、肌理、质感的变化，图案的变化，使织物有很强的艺术感。

② 列举织物：如在带有填充物的丝质面料上的绗缝绣，在羊羔绒/牛仔布复合面料上的绗缝绣，连接长毛绒/真丝缎两块面料的绗缝绣等。

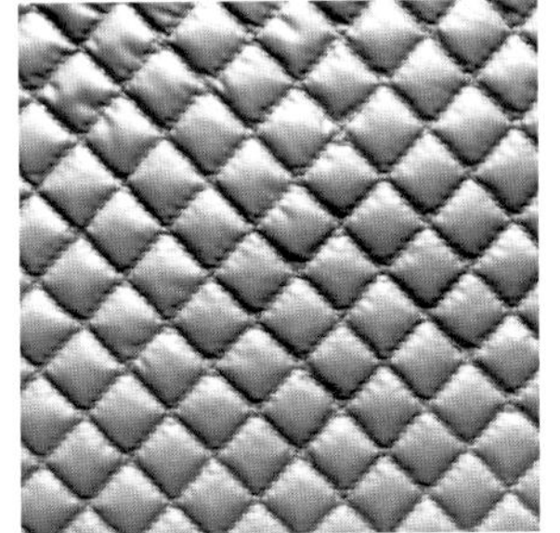
图5-3-74　绗缝面料1

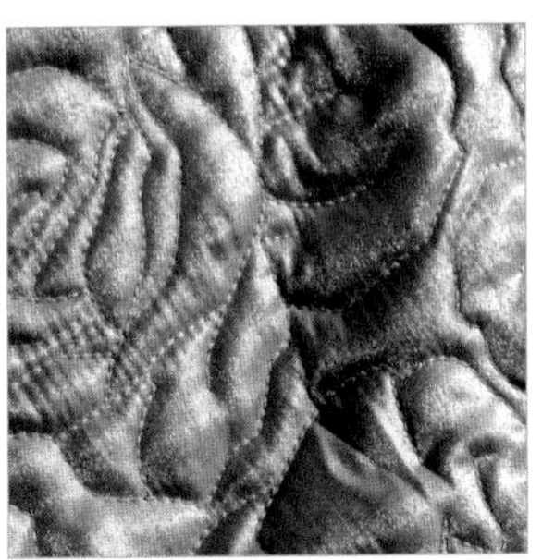
图5-3-75　绗缝面料2

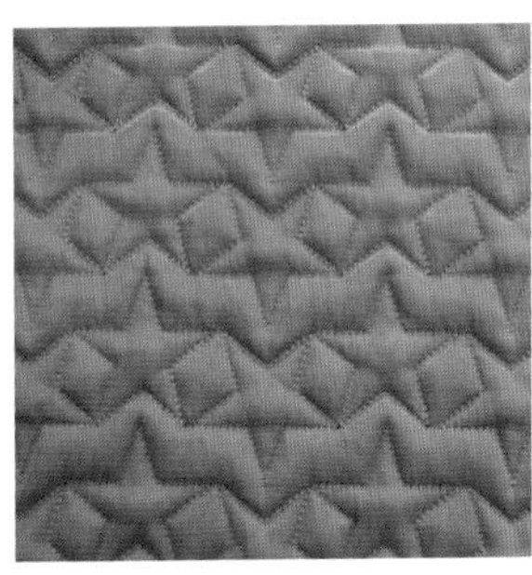
图5-3-76　绗缝面料3

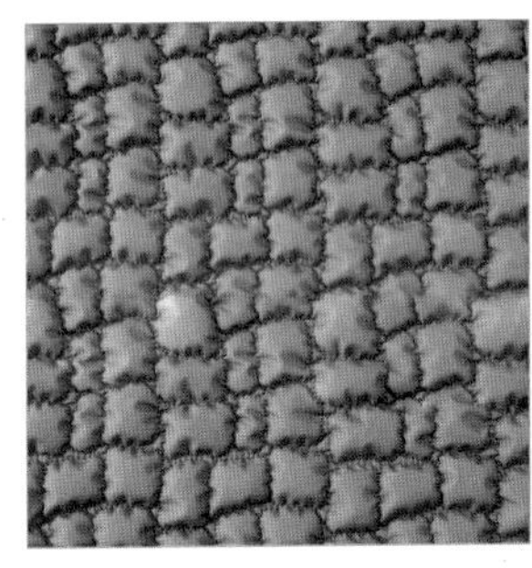
图5-3-77　绗缝面料4

（14）无针刺绣。

无针刺绣是对牛仔面料进行的后加工工艺，将牛仔面料的经纱按花纹的位置钩断，毛羽拉出，在织物表面形成具有破损感的花纹图案。

① 外观风格：织物平整的外观被破坏，出现了不规则毛茸感的花纹，如云纹、几何花纹、花卉等简单图案。它带来抽象、模糊、前卫的感觉。

② 列举织物：如加泼彩的牛仔无针刺绣面料、几何图案的牛仔无针刺绣面料、具象图案的无针刺绣面料等（图5-3-78、图5-3-79）。

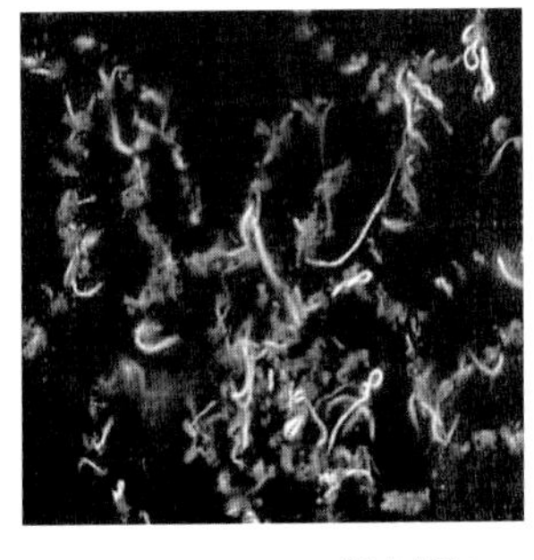
图5-3-78　无针刺绣1

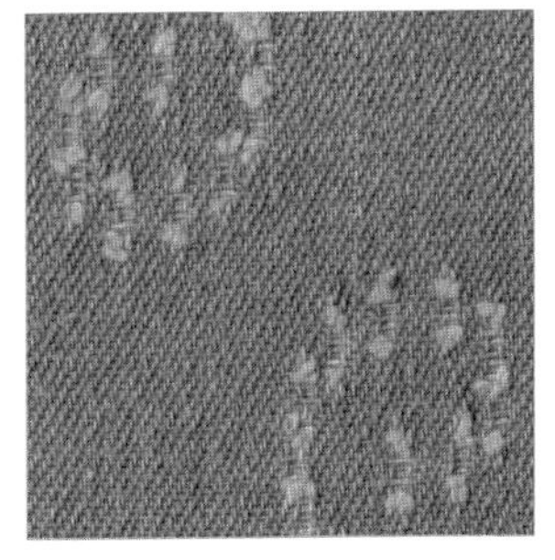
图5-3-79　无针刺绣2

（15）立体刺绣。

立体刺绣是用缝纫线在面料反面规定的点上穿过、抽紧、打结，将面料上的点和点连接，形成凹陷或凸起的立体花纹图案的加工工艺。

① 外观风格：织物外观的凹陷、凸起整齐排列，形成有序的立体花纹图案，有井字形、人字形、方格形等多种图形，面料整体装饰性强。

② 列举织物：立体刺绣面料有一定的延伸性，常用于婚纱胸前的立体花纹装饰、时装局部的立体花纹装饰等（图5-3-80、图5-3-81）。

小贴士：

立体刺绣又称立体布纹，可以用来做包、衣服等，并可以通过大小不同、位置不同等带来不同的设计效果。

（16）扳网。

扳网是用不同颜色的丝线在面料上抽褶绣缝，使面料褶皱，丝线形成几何纹样的加工工艺。

① 外观风格：扳网面料表面褶皱肌理感强，彩色丝线绣缝形成的网状纹样有浓浓的民族气息，织物整体装饰感强。

② 列举织物：扳网面料有一定的延伸性，可用于服装的袖口、胸部，有较好的收缩和衬托体形的作用（图5-3-82、图5-3-83）。

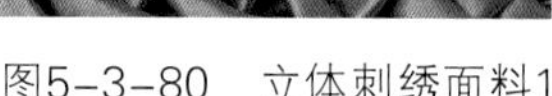

图5-3-80　立体刺绣面料1

图5-3-81　立体刺绣面料2

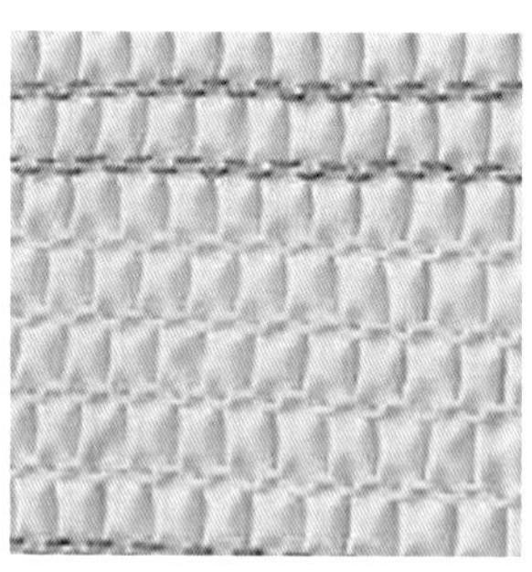

图5-3-82　扳网面料1

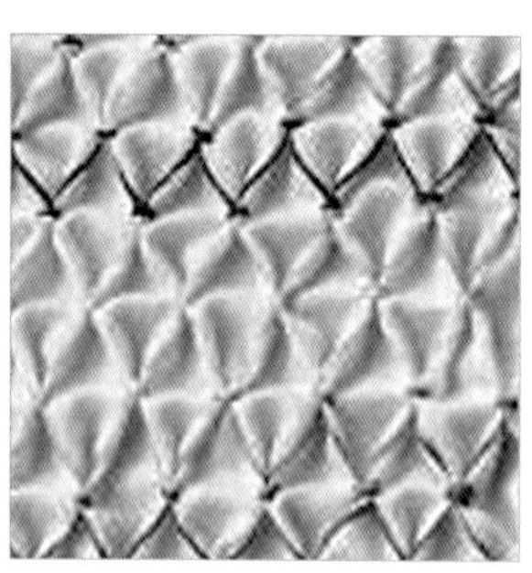

图5-3-83　扳网面料2

（17）缉线。

缉线是指将面料用缉线的方式形成花纹图案的工艺过程。

① 外观风格：缉线可密可稀，图案一般以几何形、直线形、弧线形较多，缉线后织物支撑性较好，缉线处面料突起，立体感强。

② 列举织物：缉线可用于棉织物、麻织物、丝织物、毛织物、化纤织物等各种织物面料（图5-3-84）。

（18）转移印花。

转移印花是指将制作在纸上或其他介质上的花纹图案转移黏合在面料上的工艺过程。

① 外观风格：转移印花花纹边际清晰，图案精致，色彩鲜艳，色彩图案附着在织物表面；织物无染料渗透，能形成一些特殊的染色效果；织物正反色彩图案不同，可具有双面织物的外观特点。

② 列举织物：如将面料轧花后再进行转移印花加工的织物，面料表层与褶皱处的色彩不同，有特殊的外观风格；将薄型面料经转移印花加工后的织物，面料两面具有不同的外观效果；金银色、亮色图案转移印花的织物，色彩华丽、织物漂亮（图5-3-85、图5-3-86）。

图5-3-84 缉线面料

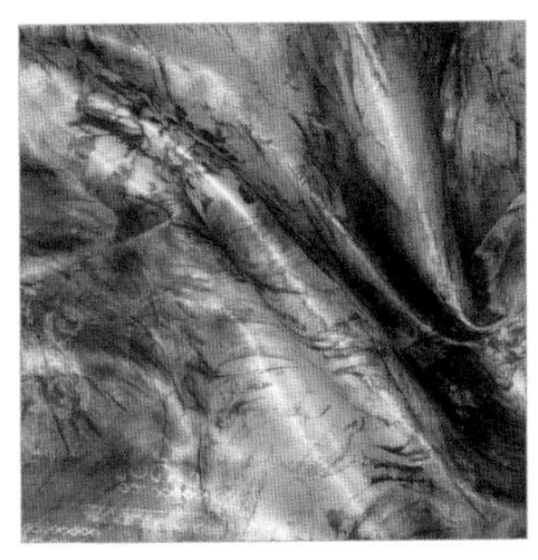
图5-3-85 转移印花面料1

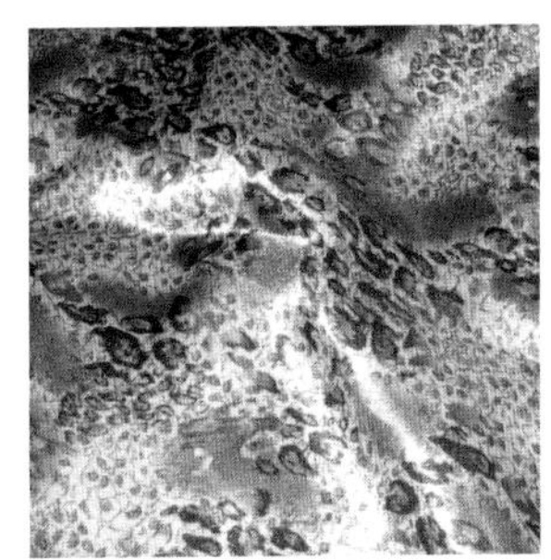
图5-3-86 转移印花面料2

（19）手绘。

手绘是指在面料上手工绘画花纹、图案的工艺过程。

① 外观风格：手绘图案自然、随意、不重复，画法风格多样，可收可放，可在服装特定的位置绘画，是极具个性和艺术风格的服装装饰手法。

② 列举织物：如旗袍手绘纹样，中国画风格，有浓郁的诗情画意；手绘领带、手绘方巾、儿童服装上的手绘卡通图案等，各有各的风格、特点、韵味和个性特色（图5-3-87、图5-3-88）。

图5-3-87 手绘面料1

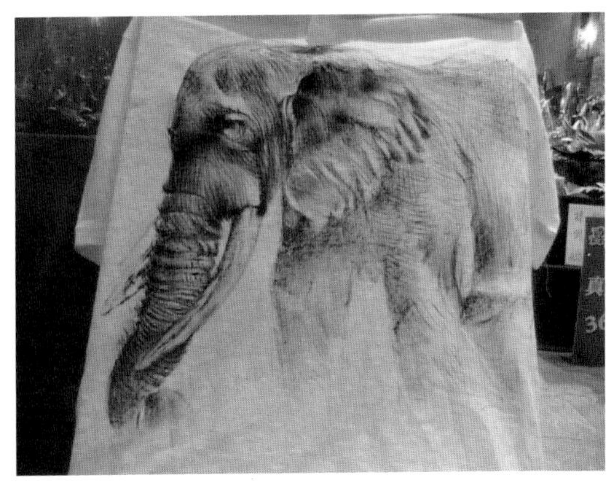
图5-3-88 手绘面料2

（20）扎染。

扎染是指用绳线结扎防染，手工染色，形成花纹图案的加工工艺。

① 外观风格：扎染有单色和彩色扎染、具象与抽象图案扎染等，外观有虚有实，有图案、有纹理，不重复、无雷同，是极具装饰性的手工染色工艺。扎染可面料扎染，也可制成服装后在特定的部位扎染等。

② 列举织物：如全棉扎染面料、真丝扎染面料、人造纤维扎染面料、麻扎染面料等（图5-3-89至图5-3-92）。

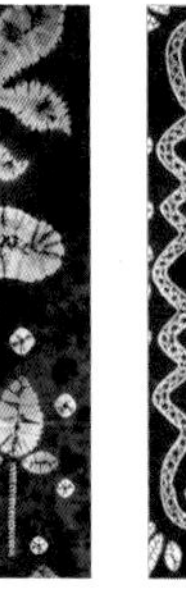
图5-3-89　扎染面料1

图5-3-90　扎染面料2

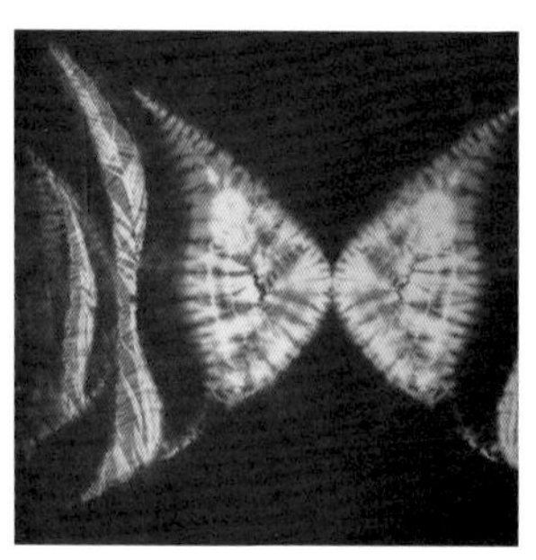
图5-3-91　扎染面料3

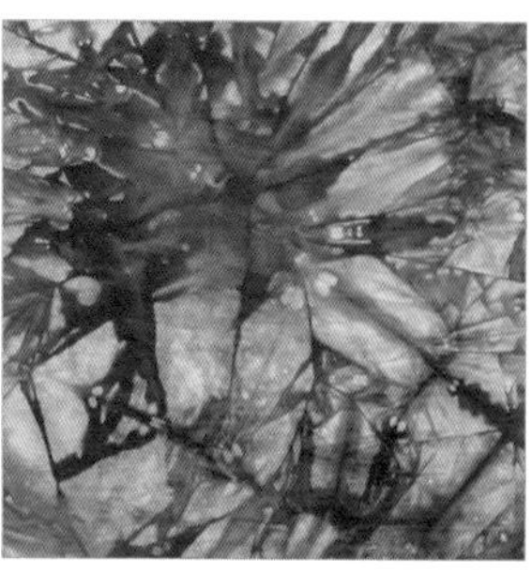
图5-3-92　扎染面料4

（21）蜡染。

蜡染是指用封蜡防染，手工染色，形成花纹图案的加工工艺。

① 外观风格：蜡染可先绘画后涂蜡防染，也可直接泼蜡防染，蜡碎裂形成的冰纹，常被称为蜡染的灵魂，细碎、偶然、无规则，是十分漂亮的装饰纹样。

② 列举织物：贵州蜡染是非常有名的，具有浓浓的民族韵味，纯朴、悠远、宁静，仿佛置身其中。蜡染服装、蜡染头巾、蜡染服饰等，都散发着令人神往的民间艺术气息，是现代人所向往的（图5-3-93、图5-3-94）。

（22）压烫。

压烫是指将绒面织物用带温度和压力的花辊压烫，使部分绒毛倒伏压扁，形成具有明显凹凸感的花纹图案的工艺过程。

① 外观风格：经压烫整理的面料表面立体感强，花纹凹凸明显，有很强的肌理感。

② 列举织物：如灯芯绒压烫面料、仿麂皮绒压烫面料、摇粒绒压烫面料等（图5-3-95、图5-3-96）。

图5-3-93　蜡染面料1

图5-3-94　蜡染面料2

图5-3-95　压烫面料1

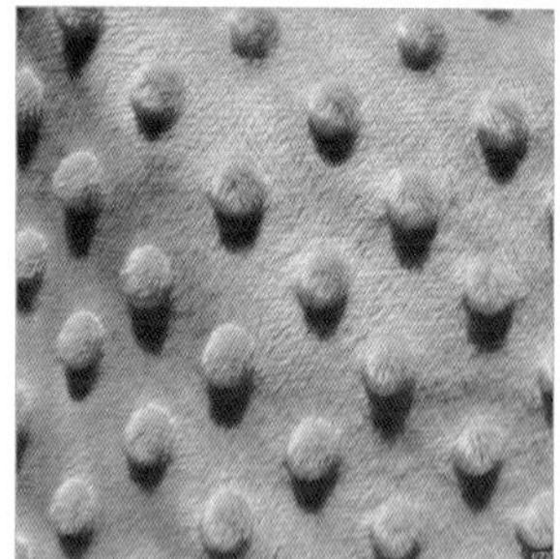
图5-3-96　压烫面料2

（23）黏合。

黏合是指将仿钻、仿琉璃、仿玛瑙等晶莹剔透的装饰物，或者绣花图案、泡沫图案等装饰图案，用压烫黏合的方式添加到织物中去的工艺过程。

① 外观风格：将不同质感的装饰物、装饰图案黏合到面料上，使织物更具漂亮外观，风格随装饰物的不同而不同，或晶莹透亮、高贵华丽，或精致传统，或新颖时尚。

② 列举织物：如各种装饰物、装饰图案的黏合面料，或在服装特定部位黏合的黏合面料等（图5-3-97至图5-3-99）。

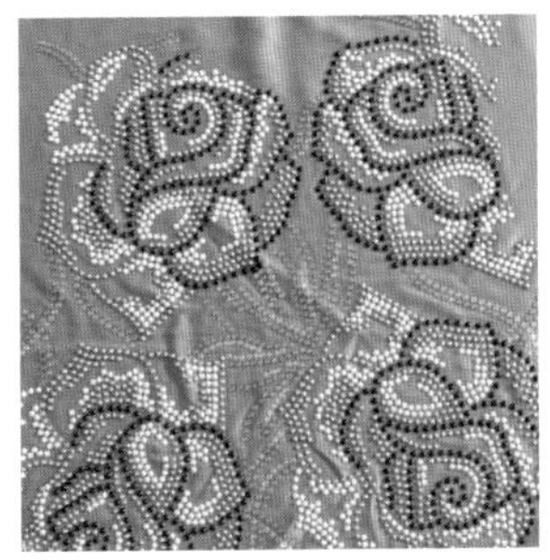

图5-3-97　黏合面料1

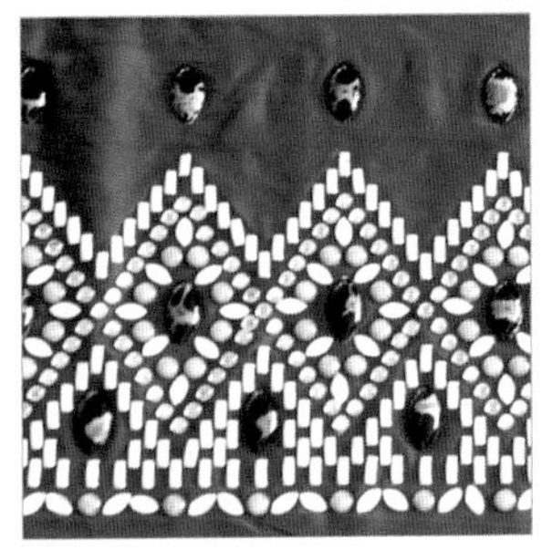
图5-3-98　黏合面料2

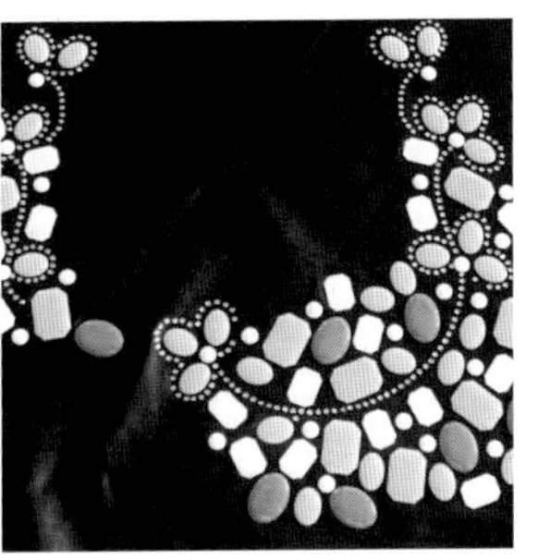
图5-3-99　黏合面料3

（24）打孔、镂空绣花。

打孔、镂空绣花是指用减缺的方式对面料进行加工处理的方法。

打孔多用于合成纤维织物，用加热器具对面料进行打孔处理，使孔洞四周受热熔融，图案保持完整，搓洗不易起毛边。镂空绣花是将织物打孔后，用绣花方式锁住毛边，使之完整，不易散开。

① 外观风格：打孔一般以圆形居多，也有其他如三角形、五角星、规则花卉图案等。打孔给人以透气、隐约的感觉。

② 列举织物：如各种仿麂皮绒的打孔面料，合成纤维织物的打孔面料，全棉、涤棉、麻布的镂空绣花面料等（图5-3-100至图5-3-103）。

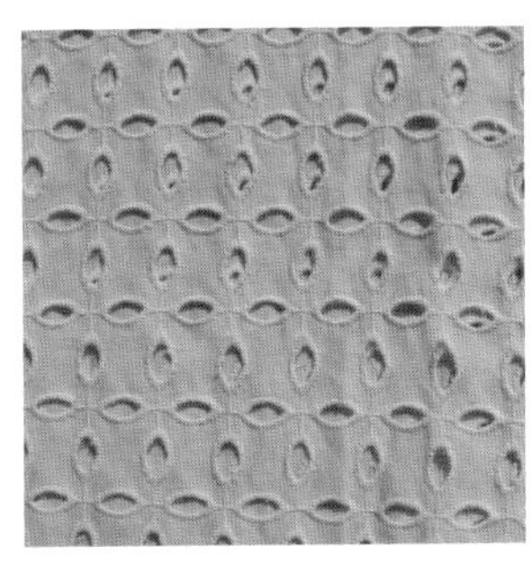
图5-3-100
镂空绣花面料1

图5-3-101
镂空绣花面料2

图5-3-102
镂空绣花面料3

图5-3-103　镂空面料

（25）撕破、毛边。

撕破、毛边是指将织物的经纬纱线剪断或者抽去的方式，使织物破损、短缺的加工工艺。

① 外观风格：经撕破、拉毛边处理的面料，织物有缺损感、陈旧感、沧桑感，这样的面料外观，给人以标新立异，与传统穿着观念背道而驰的叛逆感觉。

② 列举织物：如乞丐风格服装的面料，常用撕破、拉毛的处理方法；牛仔服装欲表现颓废风格，也常使用撕破、拉毛的处理方法；可在服装的摆口处用拉毛边的手法做出排须，来表现动感和特别的外观风格（图5-3-104、图5-3-105）。

（26）拼接。

拼接是指将不同原料、不同质地、不同色彩图案的织物，以一定的形状连接在一起的加工工艺。

① 外观风格：与一般面料相比，有更多的层次感、肌理感等不同外观感受，织物更显丰富和别有情趣。

② 列举织物：如不同色彩、格形的色织面料的拼接，牛仔面料与薄纱面料的拼接，皮革制品与真丝纱的拼接等（图5-3-106、图5-3-107）。

图5-3-104 撕破、毛边面料1

图5-3-105 撕破、毛边面料2

图5-3-106 拼接面料1

图5-3-107 拼接面料2

（27）缝缀。

缝缀是指用针线绕缝的方式将各种装饰物吊挂、缝缀在面料上，以达到装饰目的的加工工艺。

① 外观风格：装饰物不是完全固定在织物上，而是吊挂、连接在织物上，所以除装饰物本身的美感外，更给人以动感、灵气、生命的感觉。

② 列举织物：如立体的花卉、折纸、别针、玻璃球饰物、贝壳饰品、羽毛、拉链、漂亮的纽扣、雕刻的木珠、小金属链子、可爱的各种小饰品等用作装饰的物件，用缝缀的方式连接在面料上（图5-3-108、图5-3-109）。

在很多服装面料中我们看到，织物的加工整理已不局限于某一种，几种起花工艺相结合的面料在服装中已越来越多，如织花、印花、缝缀饰物的服装面料；烂花、印花、轧皱的服装面料；带珠绣、亮片绣的绣花面料；拼接加珠绣的服装面料；扳网加珠绣的服装面料；印花加珠绣、黏合钻石的服装面料等。

图5-3-108 缝缀面料1

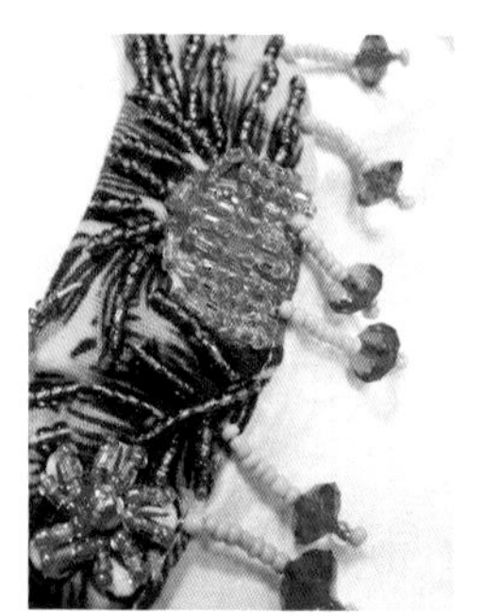
图5-3-109 缝缀面料2

第四节　织物染整与服装内在性能

随着科学技术的发展，各种化学方法和高科技手段在纺织领域中的应用，使服装材料的性能发生了翻天覆地的变化。

织物后整理确实能改善服装的一些内在性能，如拉绒、磨毛等处理能使织物蓬松，提高织物的保暖性、吸湿性；轧光、电光、烧毛等处理，能使织物表面毛羽减少，提高织物的抗起毛起球性能；预缩、液氨、定型等处理，能使织物稳定，降低织物的缩水率；柔软、液氨整理，能改善织物的手感，使服装穿着更舒服；防水透湿整理（Gore-tex），能使服装在雨天穿着更舒服、透气；拒水、易去污整理，能使服装更干净卫生；防静电整理，能使服装穿着更自在，免受静电的困扰，从而更安全、干净、整洁。

织物后整理使服装获得了更多的新功能，如织物的防蛀整理、防霉整理、阻燃整理、抗菌防臭整理、防辐射整理、防紫外线整理、抗电磁波整理、陶瓷整理、甲壳素整理等，增添了服装的新性能、新功能，使服装的性能更符合现代人服装穿着的要求。

可以预见，随着织物整理工艺的不断创新，今后的服装性能会更加完美。

第五节　不同染整效果的织物在服装设计中的应用

不同染整效果的织物在服装设计中的应用案例（图5-5-1至图5-5-10）。

图5-5-1　色织条纹面料衬衫裙

图5-5-2　镂空装饰斗篷外套

图5-5-3 黏合装饰上装

图5-5-4 转移印花装饰裙装

图5-5-5 涂层面料大衣

图5-5-6 毛边装饰上衣

图5-5-7　绳带绣装饰上衣

图5-5-8　珠绣装饰礼服

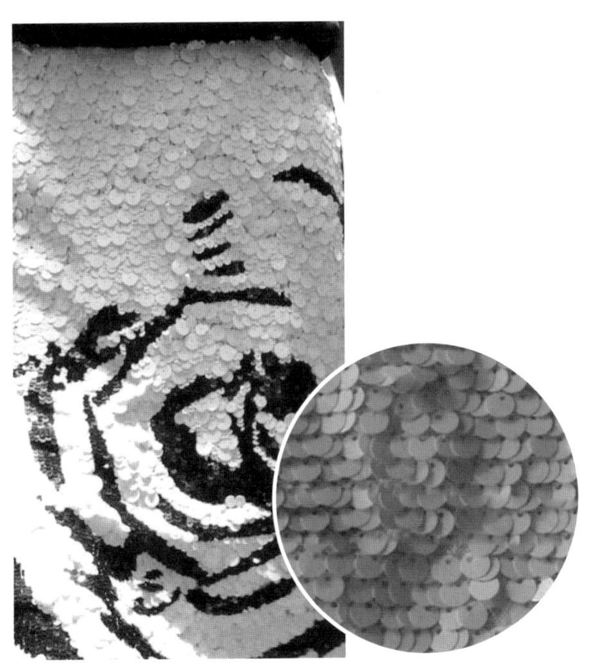

图5-5-9　亮片绣装饰半裙

图5-5-10　轧皱面料创意服装

Workshop

4～5人为一组，每人找几件自己平时穿着的、后整理工艺有较好体现的服装，进行如下分析：

1. 染色工艺在服装中怎样体现？不同染色工艺的特点是什么？是怎样判断的？

2. 哪些织物的后整理能改善服装面料的外观效果？

3. 哪些织物的后整理能改善服装面料的内在性能？

除了以上讨论的问题，你认为还可以在哪些方面进行后整理，从而能更好地提高服装的穿着性能或外观效果？

第六章　服装辅料与其他服用材料

第一节　服装辅料

一、服装衬料与垫料

1. 服装衬料（Interlining）

（1）定义。

衬料是服装的骨骼和支撑，对服装有平挺、造型、加固、保暖、稳定结构和便于加工等作用，可以是一层或是复合几层。衬料一般用于服装的衣领、驳头、前衣片的止口、挂面、胸部、肩部、袖窿、绱袖袖山部、袖口、下摆及摆衩、衣裤的口袋盖及袋口、裤腰和裤门襟，有的时候整个前衣片都用衬料。

（2）主要作用。

一是使服装获得满意的造型；二是提高服装的抗皱力和强度；三是使服装折边清晰、平直而美观；四是使服装保持结构形状和尺寸的稳定；五是改善服装的加工性。

（3）主要类别。

按衬的使用原料分，可分为棉衬、毛衬、化学衬和纸衬等。

按使用的对象分，可分为衬衣衬、外衣衬、裘皮衬、鞋靴衬、丝绸衬和绣花衬等。

按使用的方式和部位分，可以分为衣衬、胸衬、领衬和领底衬、腰衬、折边衬和牵条衬等。

按衬的厚薄和重量分，可分为厚重型衬（160克/平方米以上）、中型衬（80～160克/平方米）与轻薄型衬（80克/平方米以下）。

按加工和使用方式分，可分为黏合衬与非黏合衬。

按衬的底布分，可以分为机织衬、针织衬和非织造衬（图6–1–1至图6–1–6）。

按基布种类及加工方式分，可以分为棉麻衬、马尾衬、黑炭衬、树脂衬、黏合衬、腰衬、领带衬与非织造衬八大类，这是最常用及较全面的分类。

小贴士：

有些衬料，如用在西装中的马尾衬属于非黏合衬，可以用“八字针”缝于面料上进行固定。

图6-1-1　非织造黏合衬

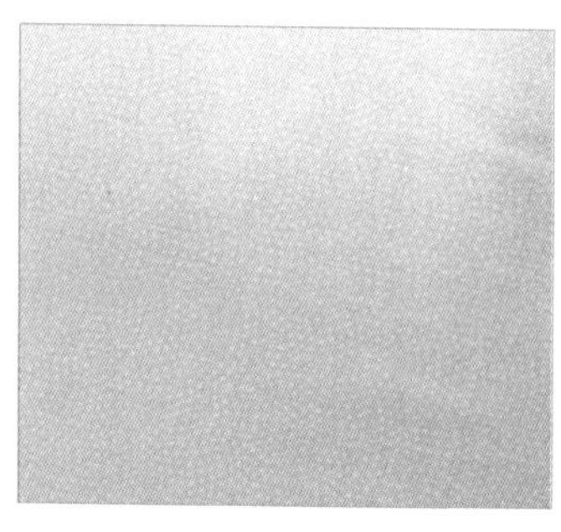
图6-1-2　机织黏合衬

图6-1-3　针织黏合衬

图6-1-4　经编针织黏合衬

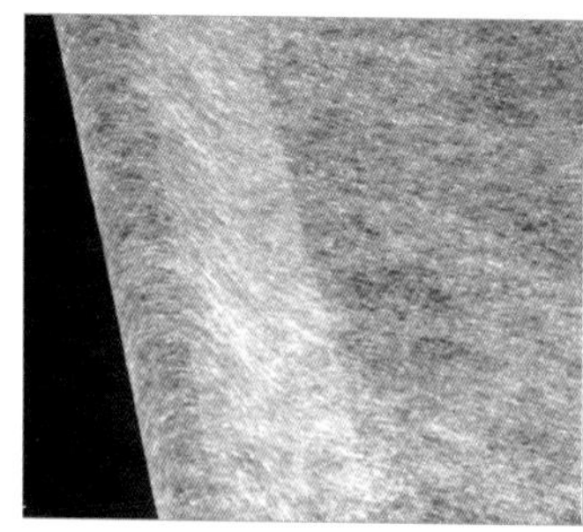
图6-1-5　双面黏合衬

图6-1-6　半麻衬西服示意图

（4）服装衬料选择的注意事项。

① 衬布应该和服装面料的颜色、单位重量、厚度、悬垂性、缩水率等方面相匹配，如浅颜色的面料，衬布选择不能太深；厚重型面料，衬布选择不能太薄；针织面料，应该用带有弹性的衬布。

② 衬布与服装的耐洗性要相匹配，否则服装水洗后会由于衬布的关系而变形。

③ 衬料的成本价格应符合成衣生产的价格定位。

2. 垫料（Padding）

垫料用来保证服装的造型和修饰人体体形的不足。就其在服装上使用的部位不同，垫料有肩垫、胸垫、袖山垫及其他特殊用垫等，其中肩垫与胸垫是服装的主要用垫料（图6-1-7至图6-1-14）。

小贴士：

高档成衣的垫料常用的材料包括：黑炭衬、马尾衬、胸绒、棉布等，多以组合的形式使用。

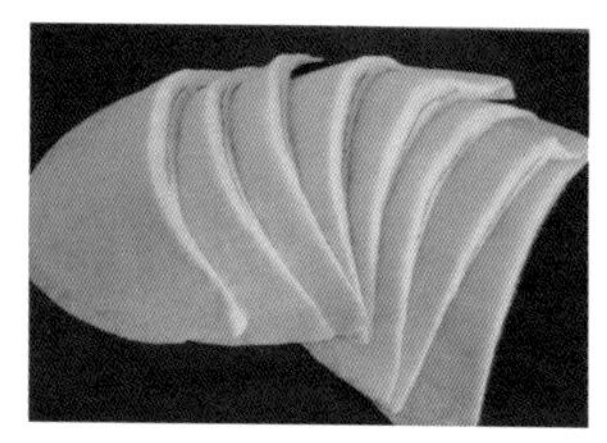
图6-1-7　肩垫1

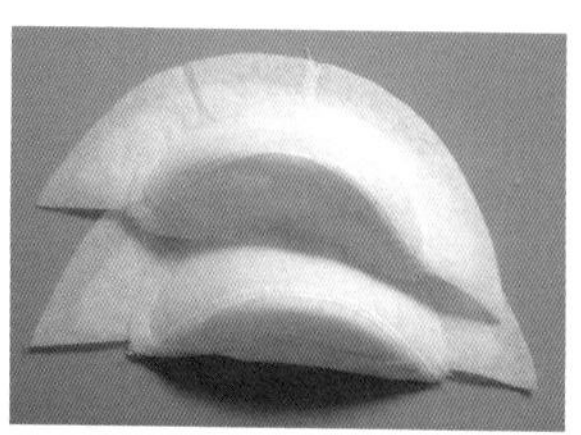
图6-1-8　肩垫2

图6-1-9　肩垫小西装

图6-1-10　肩垫皮衣

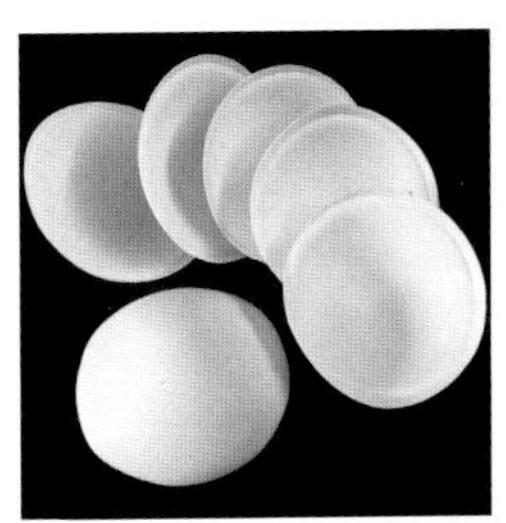
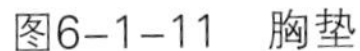

图6-1-11 胸垫

图6-1-12 带胸垫小礼服

图6-1-13 臀垫

图6-1-14 带臀垫礼服裙

二、服装里料及絮填材料

1. 服装里料（Lining）

（1）定义。

服装里料是用来部分或全部覆盖服装里面的材料，俗称“里子”，它是服装中除面料以外用料最多的一种辅料。

> 小贴士：
>
> 里料有死里和活里（可拆卸）之分，也有全里、半里之分。在可以两面穿的服装中，也可以没有里料。

（2）主要作用。

一是使服装穿脱方便并舒适美观；二是使服装提高质量档次，并获得良好的保形性；三是使服装保暖并耐穿。

（3）主要类别。

天然纤维里料、化学纤维里料以及混纺和交织里料（图6-1-15至图6-1-26）。

（4）服装里料选择的注意事项。

① 里料的质量直接影响着服装质量。

② 里料的性能应该与面料的性能相配伍。

③ 里料的颜色应与面料的颜色相谐调。

④ 里料的价格直接影响到服装的成本。

图6-1-15
天然纤维真丝电力纺里料

图6-1-16
天然纤维真丝小纺

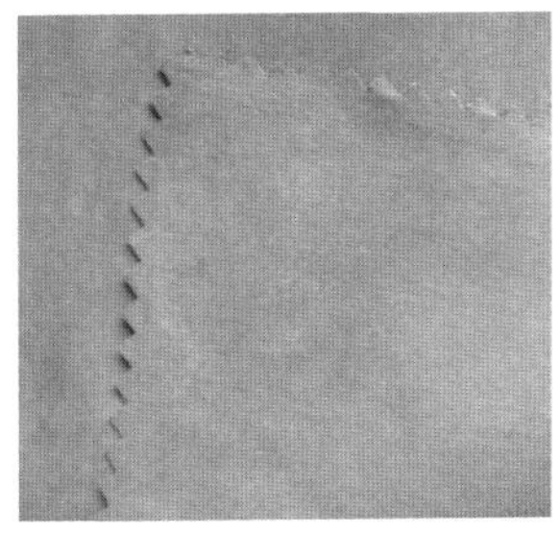

图6-1-17
再生纤维宾霸里料

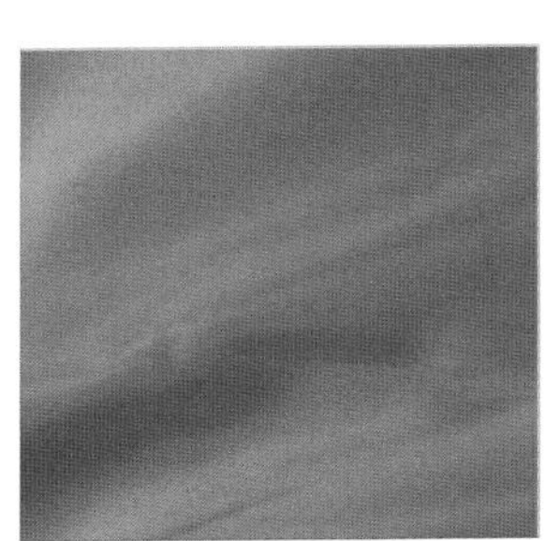

图6-1-18
合成纤维涤丝纺里料

图6-1-19
合成纤维色丁里料

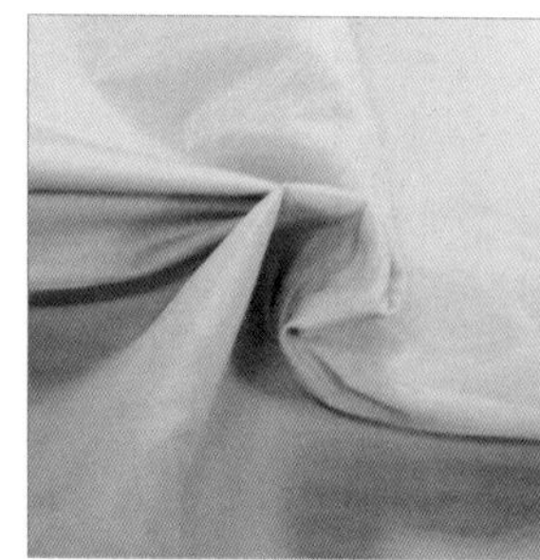

图6-1-20
黏胶-棉交织羽纱里料

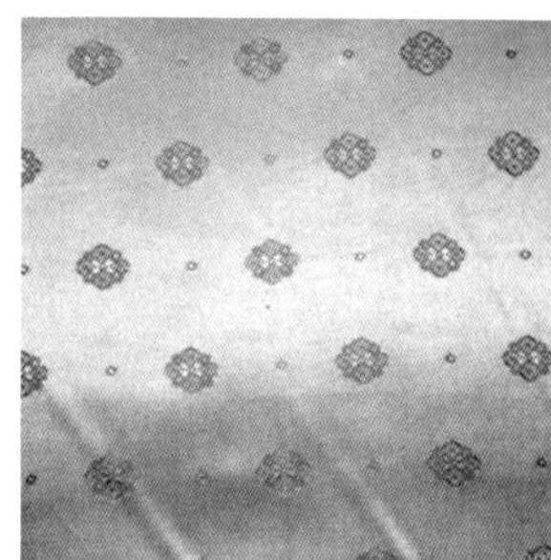

图6-1-21　提花里料

图6-1-22
交织美丽绸里料

图6-1-23　针织里料

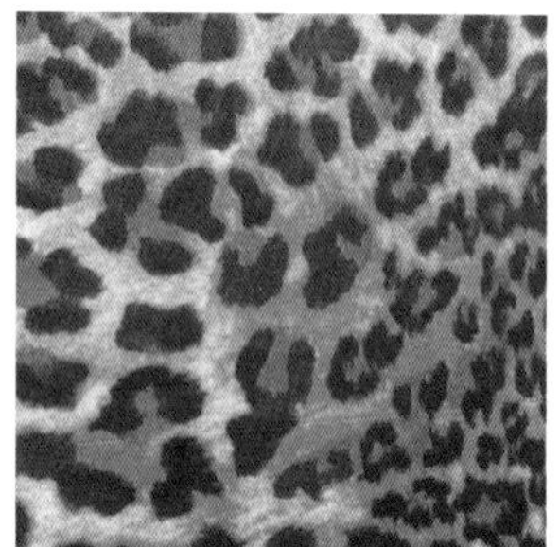

图6-1-24　印花里料

图6-1-25　服装里料展示

图6-1-26　印花里料西服

2. 服装絮填材料（Wadding）

（1）定义。

在服装面料与里料间填充的材料称为絮填材料。

（2）主要作用。

日常生活服装中絮填材料的目的和作用主要是保暖、保形。

（3）主要类别。

纤维材料，如棉花、动物毛绒（羊毛、驼绒、羽绒、鹅绒等）、丝绵、化学纤维（腈纶棉、涤纶棉、丙纶棉絮等）、天然毛皮和人造毛皮、泡沫塑料、混合絮填料等（图6-1-27至图6-1-38）。

小贴士：

若在面料上绣花或造型时，絮填材料可增加绣花或造型的立体感。

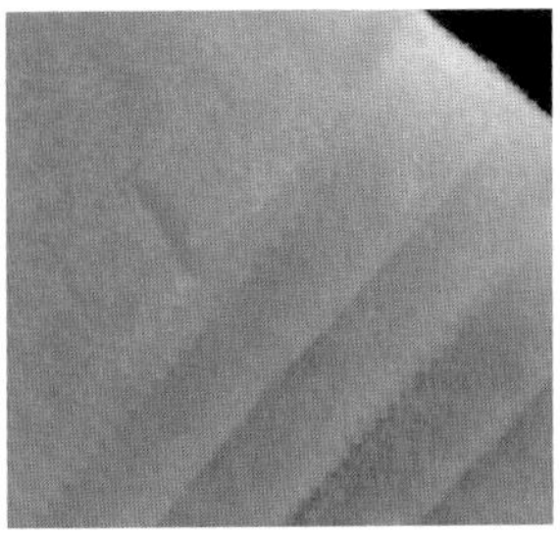

图6-1-27 棉絮片 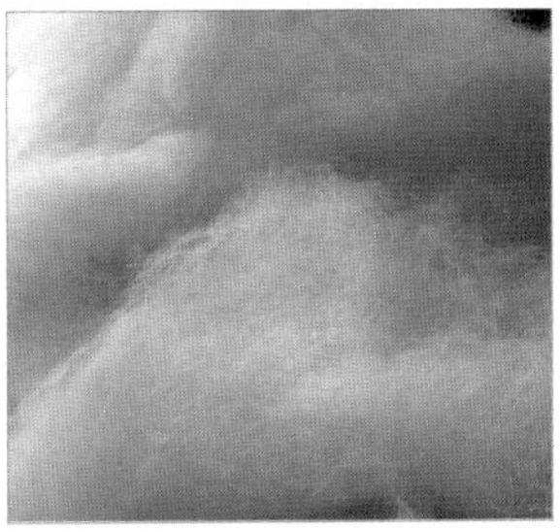　图6-1-28 羊毛絮填料 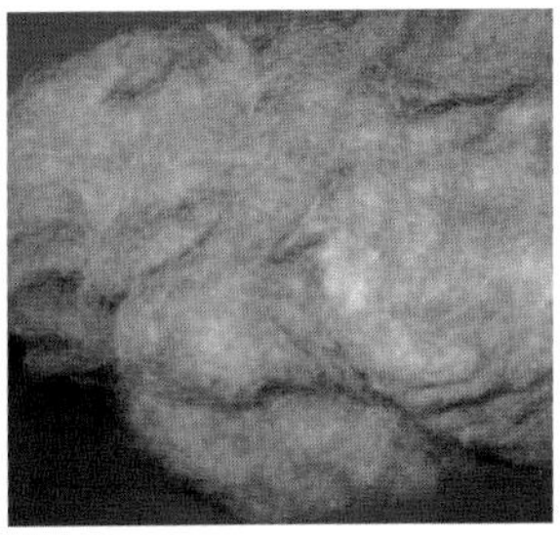　图6-1-29 驼绒絮填料 　图6-1-30 羽绒絮填料

图6-1-31 鹅绒絮填料 　图6-1-32 丝绵絮填料 　图6-1-33 涤纶珍珠棉絮填料 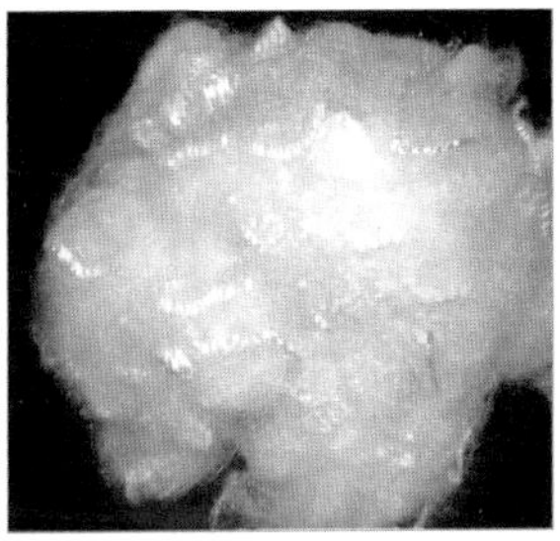　图6-1-34 腈纶絮填料

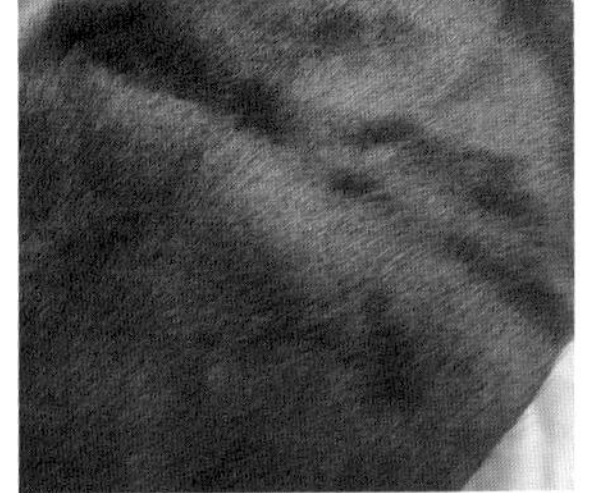

图6-1-35 天然毛皮

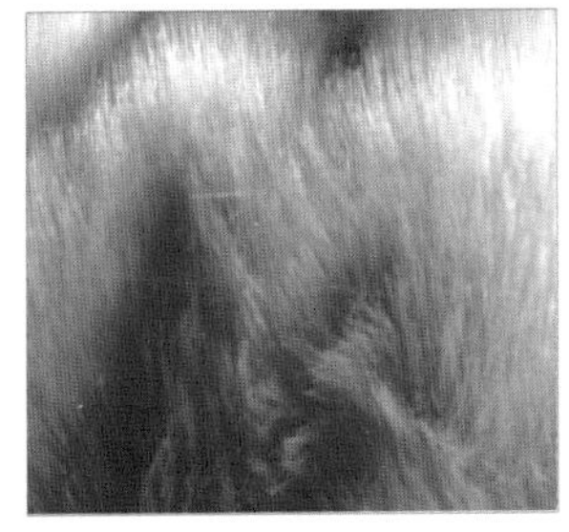

图6-1-36 人造毛皮

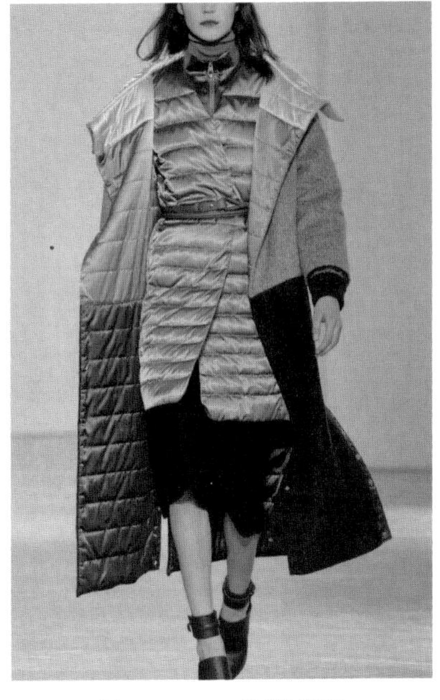

图6-1-37 绗缝棉服

图6-1-38 羽绒衣

三、服装扣紧材料（Fastenings）

服装的扣紧材料主要有纽扣、拉链、钩环、尼龙搭扣及绳带等。扣紧材料虽看起来小，而且价值对整件服装来说也是很低的，但是如果对这些辅料选配得当，不但可使它们充分发挥其功能性和装饰性，而且还可提高服装的品质。

1. 纽扣（Button）

按纽扣的结构分，可以分为有眼纽扣、有脚纽扣、编结纽扣和揿扣；按纽扣的材料分，可以分为天然材料（金属、竹木、贝、骨、革等）纽扣，化学材料（树脂、塑料、有机玻璃等）纽扣，以及天然材料与化学材料结合的纽扣（图6-1-39至图6-1-42）。

小贴士：

在婴儿服中，考虑到安全性和方便性，一般采用揿扣。

图6-1-39　木质纽扣

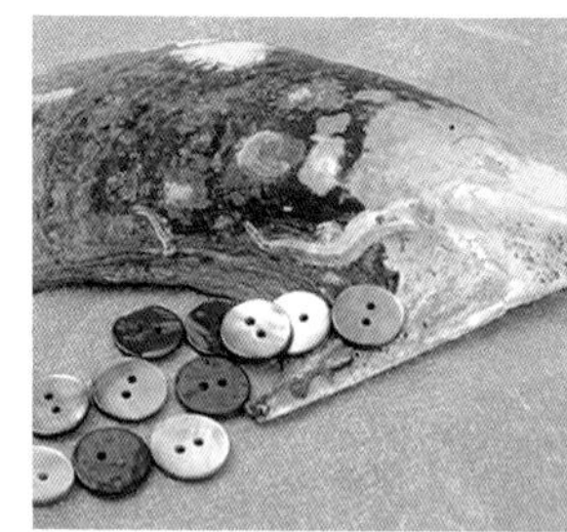

图6-1-40　贝壳纽扣

图6-1-41　有机玻璃纽扣

图6-1-42　品种繁多的纽扣

2. 拉链（Zipper）

拉链是用于服装上衣的门襟、袋口、裤和裙的门襟或侧胯部等处的扣紧件，在服装中起着重要的开启和闭合作用。拉链用作服装的扣紧件时，既操作方便，也简化了服装加工工艺，因而使用广泛（图6-1-43至图6-1-49）。

图6-1-43　单头拉链

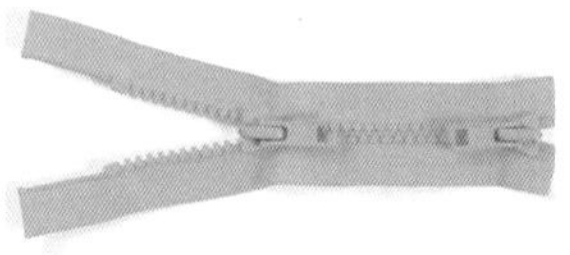

图6-1-44　双头拉链

图6-1-45　闭尾拉链

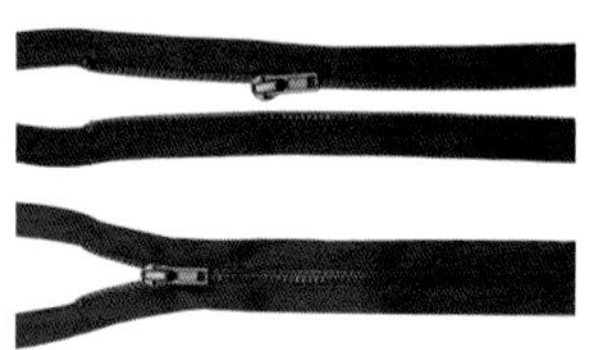

图6-1-46　开尾拉链

图6-1-47　金属拉链

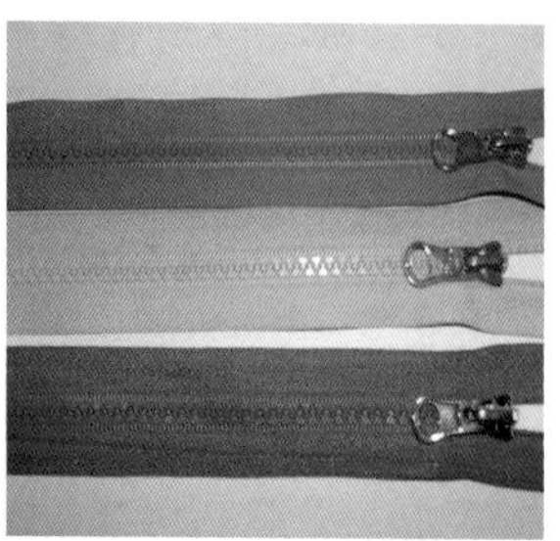

图6-1-48　树脂拉链

图6-1-49　防水拉链

3. **钩环**（Hook & Loop）

钩是安装在服装经常开闭处的连接物，多为金属制成，左右两件组合。钩一般有领钩和裤钩（图6-1-50、图6-1-51）。

4. **尼龙搭扣**（Velcro）

又称魔术贴，是由尼龙钩带和尼龙绒带两部分组成的连接用带织物，可用来代替拉链、纽扣等连接材料。尼龙搭扣多用于需要方便而迅速地闭紧或开启的服装部位（图6-1-52）。

5. **绳带类**（String）

服装中的绳带主要有两个作用，一是紧固，二是装饰。如运动裤腰上的绳带、连帽服装上的帽口带、棉风衣上的腰节绳带等。松紧带是具有纵向弹性伸长的狭长带状织物（图6-1-53至图6-1-56）。

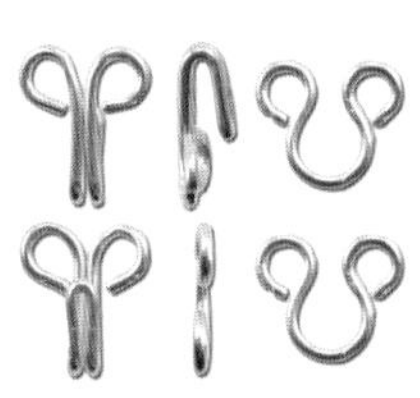
图6-1-50　钩扣

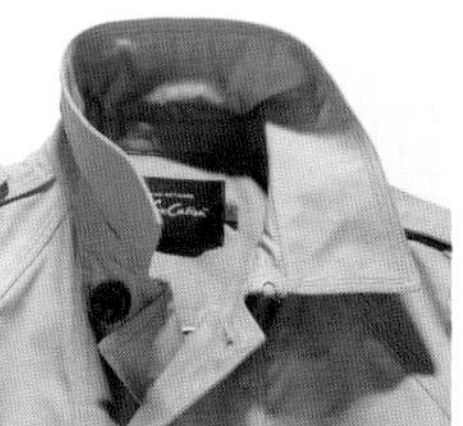
图6-1-51
风衣领钩扣运用

图6-1-52　尼龙搭扣

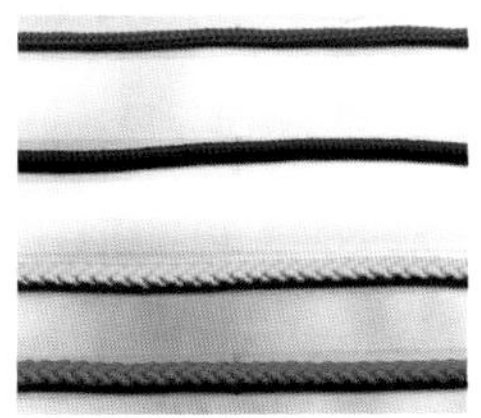
图6-1-53　绳带

图6-1-54　松紧带

图6-1-55
运动服尼龙搭扣袖襻运用

图6-1-56
半身裙松紧带腰头运用

四、缝纫线与其他辅料

1. **缝纫线**（Sewing Thread）

缝纫线在服装中用于缝合衣片、连接各种服装部件，也有装饰美化的作用。缝纫线的种类很多，可用于不同材质和颜色的布料，以满足服装不同部位和不同制作工艺的需要。缝纫线的选用是否得当，对服装产品的外观质量和内在品质都有很大的影响。

缝纫线按原料可以分为天然纤维缝纫线、化学纤维缝纫线、混纺缝纫线等（图6-1-57至图6-1-59）。

缝纫线的选用需考虑以下几个方面：与面料性能相适合；与服装特点和用途相匹配；与不同缝线线迹相匹配。

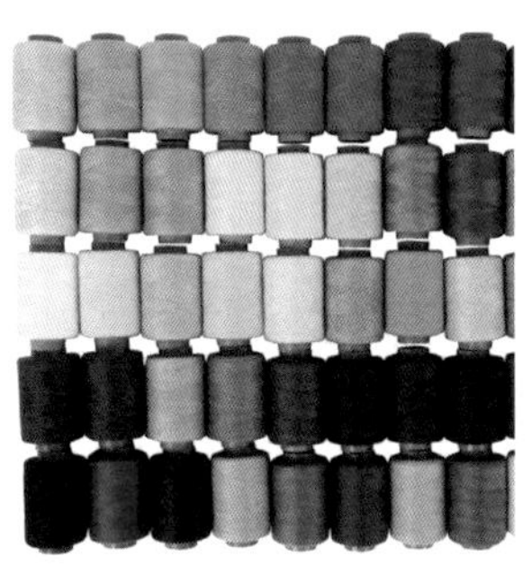

图6-1-57　涤纶缝纫线

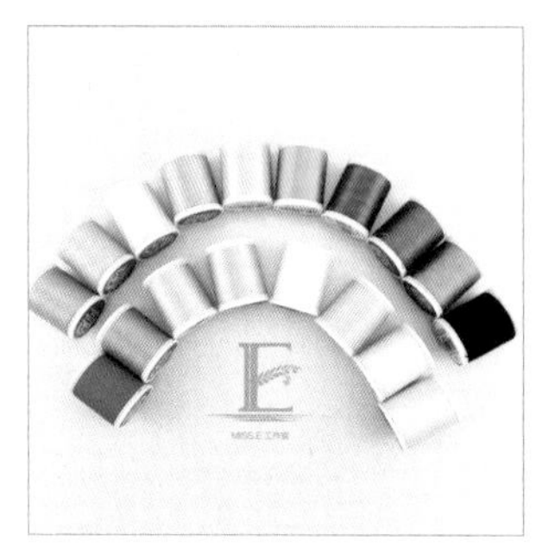

图6-1-58　全棉缝纫线

图6-1-59　涤纶牛仔缝纫线

2. 装饰性辅料（Decorative Accessories）

装饰性辅料是指专用于装饰服装的衣着附件，如花边、珠子与光片、流苏、羽毛、缎带等，主要用来点缀、装饰服装，以增加服装的时尚性、款式多样性、美感和整体协调性（图6-1-60至图6-1-71）。

花边是指一种以棉线、麻线、丝线或其他织物为原料，经过绣制或编织而成的有各种花纹图案的装饰性镂空制品，可分为编织花边、针织花边、刺绣花边和机织花边四大类。

图6-1-60　蕾丝花边1

图6-1-61　蕾丝花边2

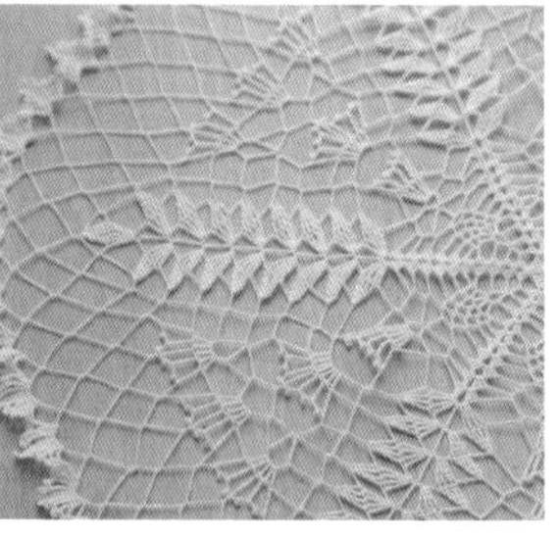

图6-1-62　钩花花边

图6-1-63　珠片

图6-1-64　珠子

图6-1-65　流苏

图6-1-66　羽毛

图6-1-67　彩色羽毛1

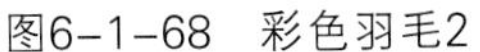
图6-1-68　彩色羽毛2

图6-1-69　缎带1

图6-1-70　缎带2

图6-1-71　缎带3

3. 商标（Brand）

服装的商标是企业用来与其他企业生产的服装相区别的标记。这些标记用文字和图形来表示。商标设计和材料的使用，在当今社会重视服装品牌的情况下尤为重要。

4. 示明牌（Show Tips）

服装产品的示明牌用以说明服装的原料成分、使用和保养方法及注意事项，如洗涤、熨烫标记符号以及环保标志等。对经过特殊整理的服装也应示明（图6-1-72至图6-1-76）。

5. 包装（Packing）

服装包装起初只是为了保持服装数量与质量的完整性，随着社会发展，现在服装包装已直接影响到产品的价值与销路，因此服装包装是服装行业中不可缺少的必要组成部分（图6-1-77至图6-1-79）。

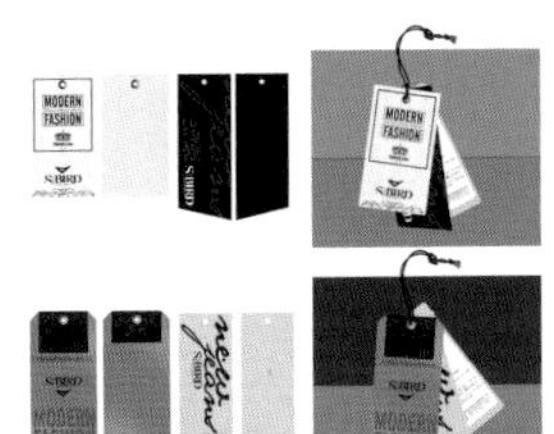

图6-1-72　服装吊牌1

图6-1-73　服装吊牌2

图6-1-74　服装领标

图6-1-75　洗涤标

图6-1-76　成分标

图6-1-77　服装包装材料1

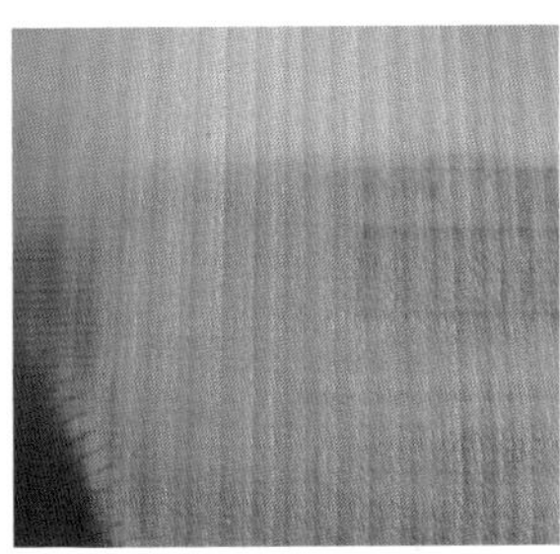
图6-1-78　服装包装材料2

图6-1-79　服装包装材料3

第二节　其他服用材料

一、服用裘革及可持续皮革

裘革制品，是指经过特殊化学处理和工艺处理的动物毛皮，分裘皮和皮革两类。裘革制品是人类用得最早的服装材料之一。不同动物的毛皮，毛的长度、绒毛的密度、皮板的厚薄、毛皮的经济价值都不同。

小贴士：

毛皮有天然与人造之分，区分两者最简单的办法就是观察长毛的底部是织物还是皮板，这从毛皮的反面可明显看出，即使制成了服装也可从正面拨开长毛观察其组织。

1. 裘皮（Fur）

通常，我们把鞣制后的动物毛皮称为“裘皮”或“皮草”。裘皮具有不同动物的花纹、光泽和色彩，毛发蓬松有暖感（图6–2–1至图6–2–3）。

图6–2–1　裘皮材料1

图6–2–2　裘皮材料2

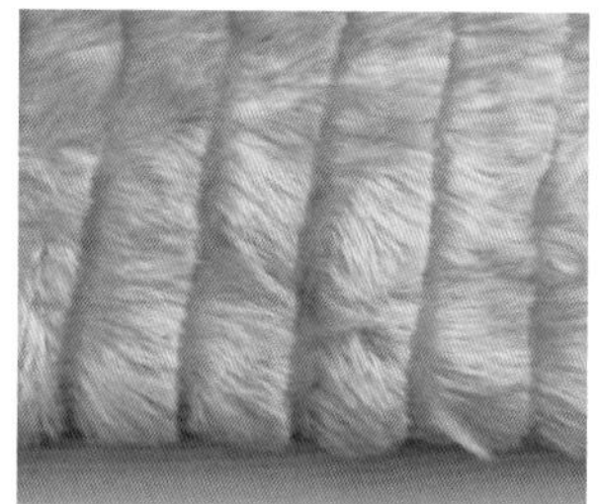
图6–2–3　裘皮材料3

2. 皮革（Leather）

我们把经过加工处理的光面或绒面皮板称为“皮革”。皮革有光面革与绒面革之分，有一定的身骨、软硬度。光面革细致光滑，光泽丰满自然，并保留一些天然的特征；绒面革绒毛短密，均匀细致，光泽柔和、美观、一致（图6–2–4至图6–2–6）。

小贴士：

皮革有天然与人造之分，可通过外观、断面和背面、吸湿透气性、气味等方面来区分。

图6–2–4　皮革1

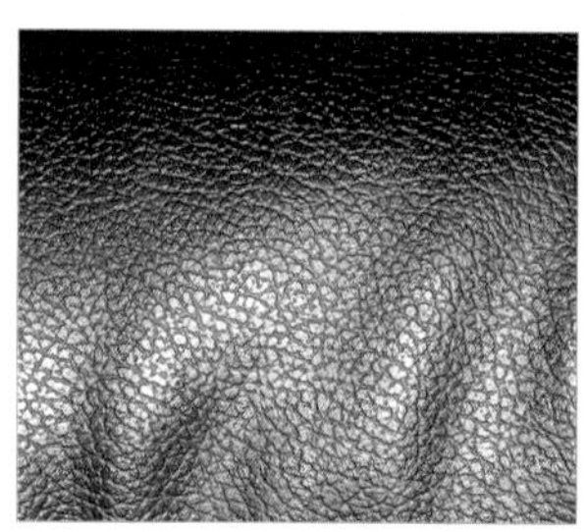
图6–2–5　皮革2

图6–2–6　皮革3

3. 可持续皮革

人们的过度消费与对材料的过度使用，导致野生动物被滥捕滥杀，使得大量野生动物濒临灭绝。可持续材料的开发与应用已成为当今趋势。而其中皮革材料由于涉及野生动物捕杀、制作过程造成环境破坏等诸多问题，与当今的低碳环保概念相违背，成为争议不断的话题。因此，可持续皮革的寻找与开发应运而生，如美国爱荷华州立大学教授Young-A Lee及其团队使用红茶纤维质、醋、糖等原料制成了人造皮革。该人造皮革质地与皮革非常相似，不仅适合服用制作与生产，还能够生物降解，或将是一种很好的皮革替代材料。无独有偶，西班牙老奶奶、皮革专家Carmen Hijosa，从菠萝叶中提取纤维，研发并制成皮革替代品，并把这种可持续皮革材料命名为“Pinatex”。该材料印染与造型方便、应用广泛、价格低于传统皮革，已成功推向市场（图6-2-7、图6-2-8）。

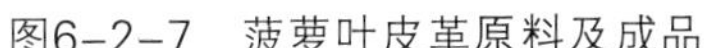

图6-2-7 菠萝叶皮革原料及成品

图6-2-8 “Pinatex”可持续皮革

二、服用薄膜制品

1. 薄膜制品（Film Products）

薄膜制品指塑料薄膜、合成树脂薄膜等，用于一些特殊的服装面料，或者是服装的辅料和包装材料中。其外观风格光滑、亮泽、透明，有一定的身骨，密实、防风、防雨（图6-2-9至图6-2-11）。

图6-2-9 薄膜材料

图6-2-10 薄膜包装材料

图6-2-11 薄膜材料服装

2. 服用泡沫制品【Foam Products】

泡沫制品有泡沫薄片、泡沫衬垫等，可用作服装的衬料、装饰材料和复合材料等。其外观风格轻盈、温暖，有一定厚度感，密度小、空隙大、观感特殊，具有膨胀感等（图6-2-12、图6-2-13）。

3. 生物纺织材料

生物科技正在加入到纺织和服装的革命中来，生物原料与技术被用来研发生产多种多样的可持续纺织材料（图6-2-14）。世界各地的设计师和厂商已经开始运用生物制造影响时尚产业。来自纽约的时装设计师Suzanne Lee利用细菌和其他微生物“种”出类薄膜的纺织材料，该材料突破传统纺织品加工流程，材料原料易得，加工方便，形态多样，裁剪方便，亦可无缝塑型，染色性能佳，可降解（图6-2-15）。荷兰公司NEFFA的创始人Aniela Hoitink同样利用生物纺织技术，创造了由菌丝生长而成的织物——菌丝体纺织材料（Mycelium textile），该材料保温性、吸湿性好，可无缝成品，形成类薄膜状态（图6-2-16、图6-2-17）。此类生物纺织材料的研发与推广，将对时装和纺织行业产生深刻的影响。

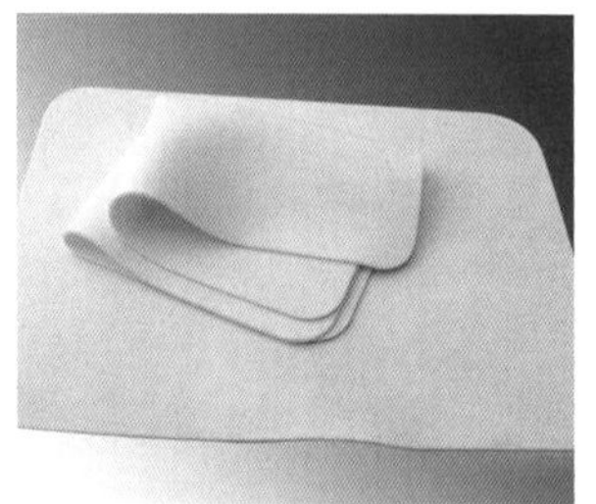

图6-2-12　泡沫垫片

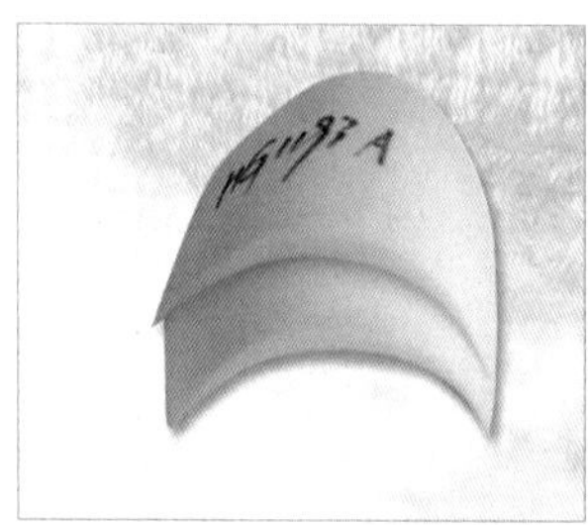

图6-2-13　泡沫衬垫

图6-2-14
细菌生物材料及成衣

图6-2-15　Suzanne Lee
研发的细菌生物材料

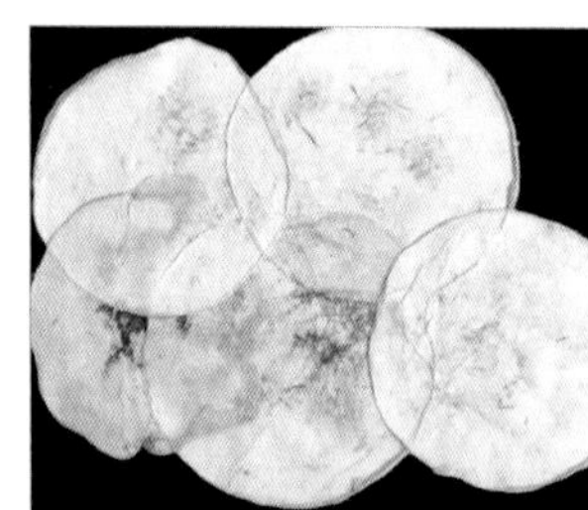

图6-2-16　菌丝体纺织材料
（Mycelium textile）

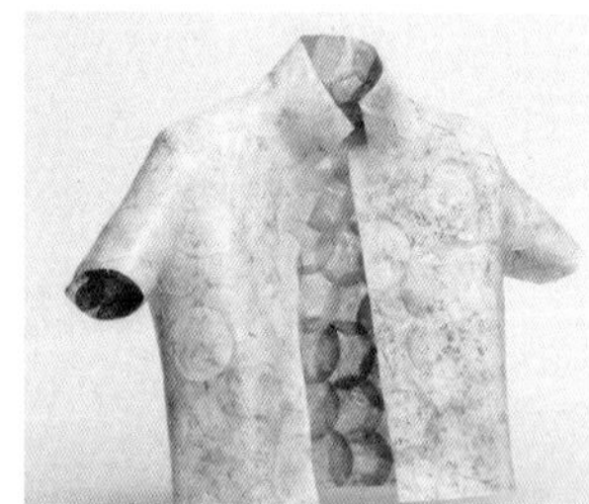

图6-2-17
菌丝体纺织材料无缝成衣

三、其他材料

除了上面提到的材质，服装中还会用到羽毛、纸、金属等材料（图6-2-18至图6-2-24）。杜邦纸、气凝胶、服用3D打印材料等也越来越多地运用于服装设计与生产中。

图6-2-18　金属铆钉装饰服装1

图6-2-19　金属铆钉装饰服装2

图6-2-20　金属铆钉装饰服装3

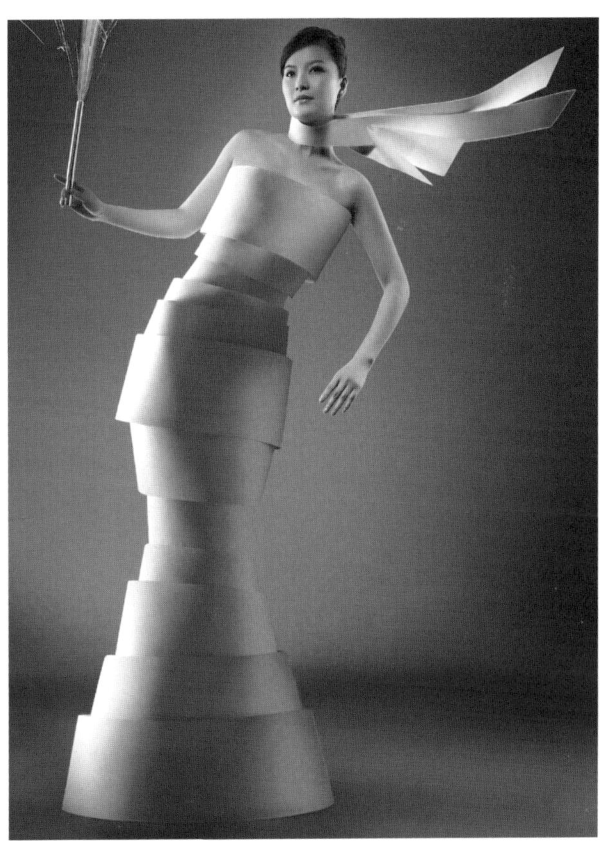

图6-2-21　纸质创意服装1

图6-2-22　纸质创意服装2

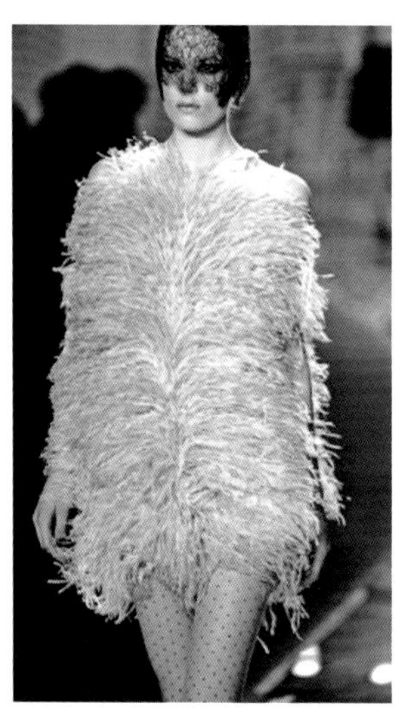

图6-2-23　羽毛装饰服装1

图6-2-24　羽毛装饰服装2

1. 杜邦纸

杜邦纸因外观类似于纸而得名，这种环保无纺织布实则是一种高密度聚乙烯材料，名为“杜邦Tyvek®”，中文名为“特卫强”。该材料软硬可选，触感光洁，纹理独特，环保可回收。其性能上具有单向透气特性，防水透气、强韧耐扯、质轻耐穿刺、防菌防螨，适合印染、复合、打孔等多种处理。杜邦纸已成为当下设计和消费品领域的热门材料（图6-2-25至图6-2-28）。

图6-2-25
“杜邦Tyvek®”材料

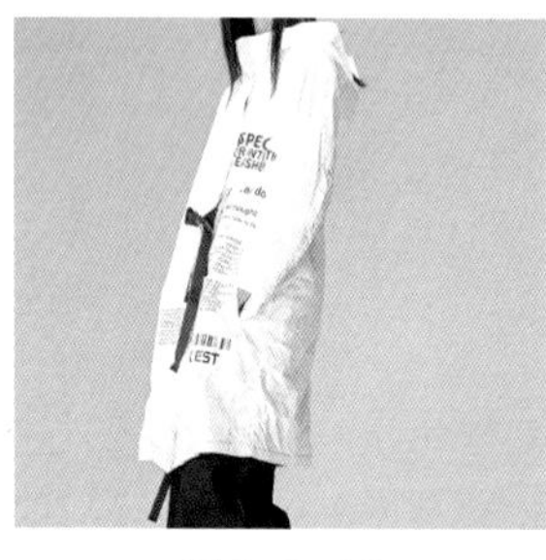

图6-2-26
杜邦纸材料服装

图6-2-27
杜邦纸材料包袋

图6-2-28
杜邦纸材料服饰产品

2. 气凝胶

气凝胶在1931年由美国科研人员制得，是一种低密度、高孔隙率的纳米多孔材料，该材料热导率极低，也是目前公认最轻的固体。进入21世纪后，由于气凝胶制作成本的降低，该材料开始拓展应用到民用领域。气凝胶的产品形态丰富多样，气凝胶毡、气凝胶板、气凝胶布、气凝胶纸和气凝胶异形件等，都是气凝胶与相应产品形态的纤维复合所得产品。在服用领域，纺织专用气凝胶复合材料，其保暖性能是传统保暖材料的2～8倍，采用该材料制成的服装，可以达到更好的保暖性能（图6–2–29至图6–2–33）。

图6–2–29 气凝胶材料

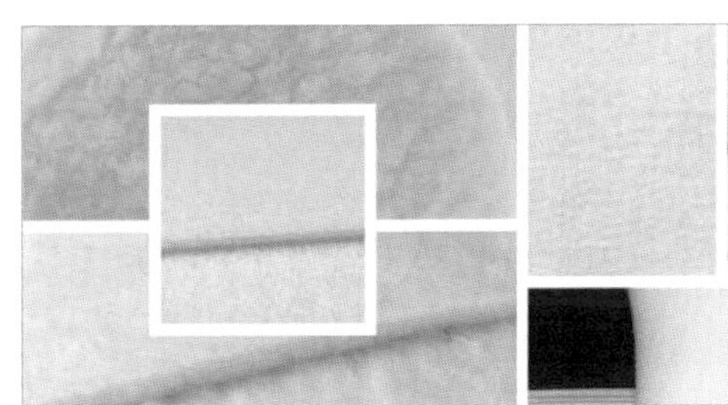

图6–2–30 不同形态的气凝胶产品

图6–2–31
气凝胶材料宇航服

图6–2–32
气凝胶材料防寒服

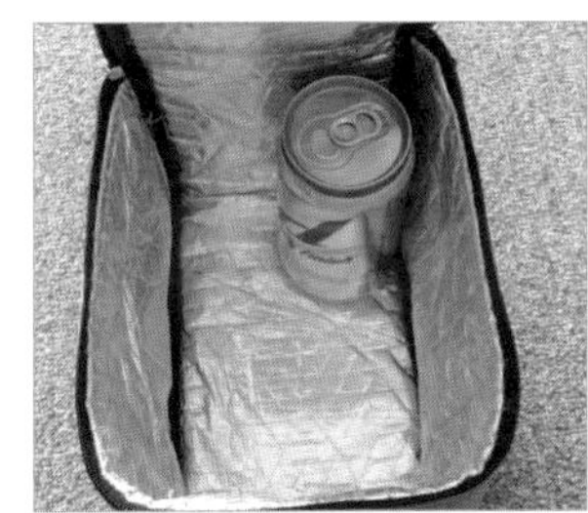

图6–2–33
气凝胶材料便携保温袋

3. 服用3D打印材料

3D打印作为一种快速成型技术，通过数据创造立体的三维物体。打印机运用可黏合材料持续叠加，通过逐层打印的方式来构造物体。如今3D打印技术发展得如火如荼，几乎各个领域都有所涉及。3D打印材料在服饰设计中的应用，突破了传统设计极限，不受传统材料与设计结构的限制，可完成常规面料无法完成的概念，表现出极强的材料可塑性与设计张力。由于原材料和技术的局限，3D打印在服饰设计和成衣生产方面仍存在舒适性不足、成本偏高等诸多问题，但设计师们通过与其他技术融合、结构改良等，正在努力进行进一步深化探索（图6–2–34至图6–2–39）。

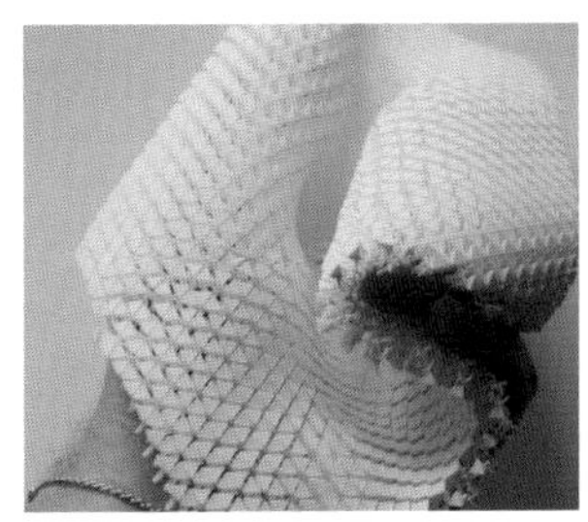

图6–2–34
3D打印服用材料1

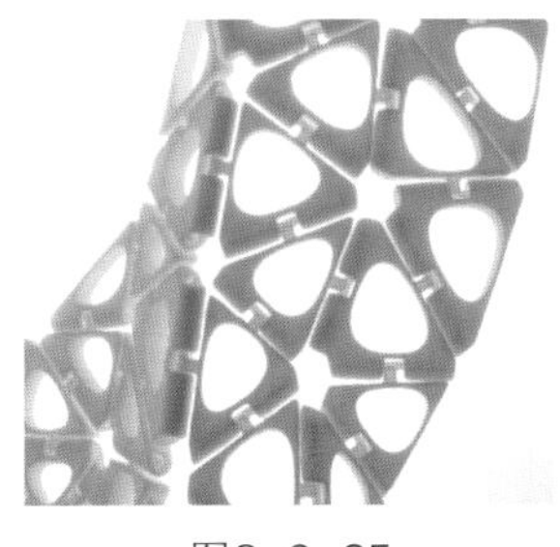

图6–2–35
3D打印服用材料2

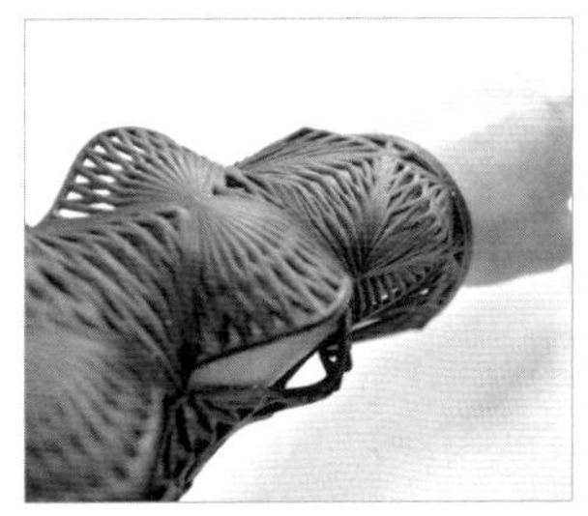

图6–2–36
3D打印服装细节1

图6-2-37　3D打印服装细节2

图6-2-38　3D打印服装1

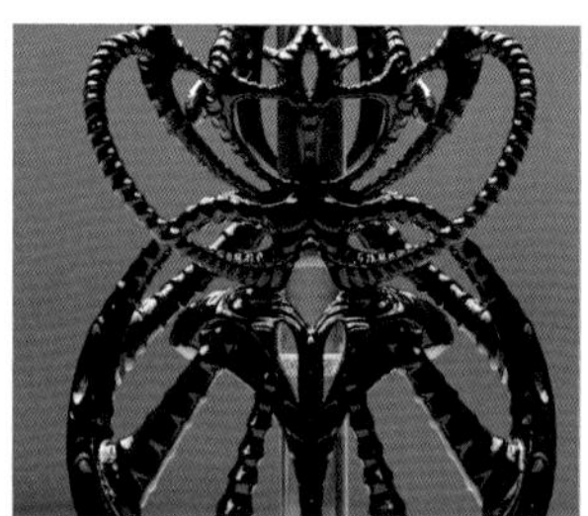
图6-2-39　3D打印服装2

Workshop

4～5人为一组，讨论分析如下问题：

1. 请根据服装衬料运用的种类以及部位的不同，进行特性分析与陈述。
2. 请寻找各种服装扣紧材料，并从外观与功能两方面进行归类总结。
3. 请寻找除面料之外的其他服用材料，并陈述其特点与应用。

第七章　服装材料的创新与再设计

第一节　服装材料内在性能的创新

一、新型纤维材料

1. 新型纤维素纤维

（1）彩色棉花。

天然彩色棉花简称“彩棉”。它是利用现代生物工程技术选育出的一种吐絮时棉纤维就具有红、黄、绿、棕、灰、紫等天然彩色的棉花。用这种棉花织成的布不需染色、无化学染料毒素，质地柔软而富有弹性，制成的服装经洗涤和风吹日晒也不变色。因不需要染色，所以可降低纺织成本，也防止了普通棉织品对环境的污染（图7-1-1至图7-1-3）。

小贴士：

天然彩色棉纤维柔软、手感好，其服装色泽柔和、格式古朴、质地纯正、感觉舒适安全，符合人们返璞归真、色彩天然的心态。

图7-1-1　彩棉植株

图7-1-2　彩棉面料1

图7-1-3　彩棉面料2

（2）有机棉。

在农业生产中，使用有机肥，生物防治病虫害，不使用化学制品，从种子到农产品在全天然、无污染的情况下生产的棉花。以WTO/FAO颁布的《农产品安全质量标准》为衡量尺度，棉花中农药、重金属、硝酸盐、有害生物含量控制在标准规定的限量范围内，并获得认证。

（3）竹纤维。

竹纤维就是从自然生长的竹子中提取出的一种纤维素纤维，也可以是以竹子为原料，通过一定技术制成的再生纤维素纤维。竹纤维具有良好的透气性、瞬间吸水性、较强的耐磨性和良好的染色性等特性，同时又具有天然抗菌、抑菌、除螨、防臭和抗紫外线功能（图7-1-4至图7-1-6）。

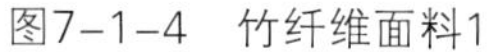
图7-1-4　竹纤维面料1

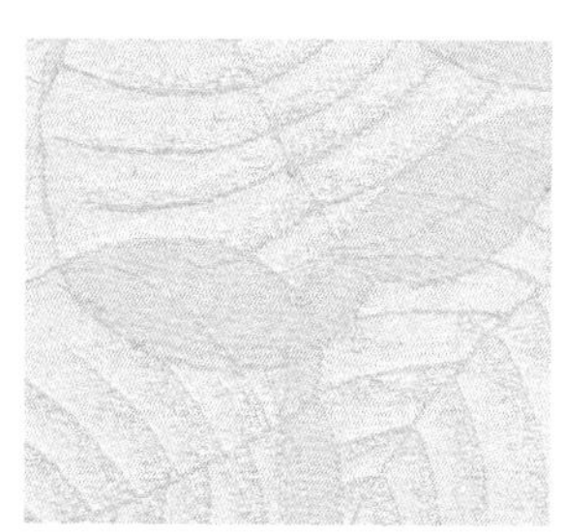
图7-1-5　竹纤维面料2

图7-1-6　竹纤维面料3

2. 新型蛋白质纤维

（1）彩色羊毛。

在生长时就具有色彩的羊毛。俄罗斯畜牧专家研究发现，给绵羊饲喂不同的微量金属元素，能够改变绵羊毛的毛色，如铁元素可使绵羊毛变成浅红色；铜元素可使它变成浅蓝色等。他们最近研究出具有浅红色、浅蓝色、金黄色及浅灰色等奇异颜色的彩色绵羊毛（图7-1-7）。

（2）无鳞羊毛。

羊毛的鳞片是造成缩绒的根本原因，消除鳞片就可以生产没有缩绒性的毛织物（图7-1-8）。

（3）彩色长毛兔。

彩色长毛兔全身统一色泽，有黑、黄、棕、灰等十余种毛色。其兔毛细腻、柔软、美丽好看。它的毛织品手感柔和细腻，滑爽舒适，吸湿性高，透气性强，保暖性比羊毛强几倍。用兔毛纺织品做成的服装穿着舒适、典雅、雍容华贵。除上述优点外，它更具有不用化工染色之优点（图7-1-9）。

（4）彩色蚕丝。

利用家蚕基因突变可培育出彩色蚕丝，制成服装后颜色不掉。目前，我国培育的转基因家蚕丝已具有红、黄、绿、粉红、橘黄等颜色，没有经过染色这一步骤，比一般彩色面料更为安全无害，适合生产内衣等贴身衣物（图7-1-10、图7-1-11）。

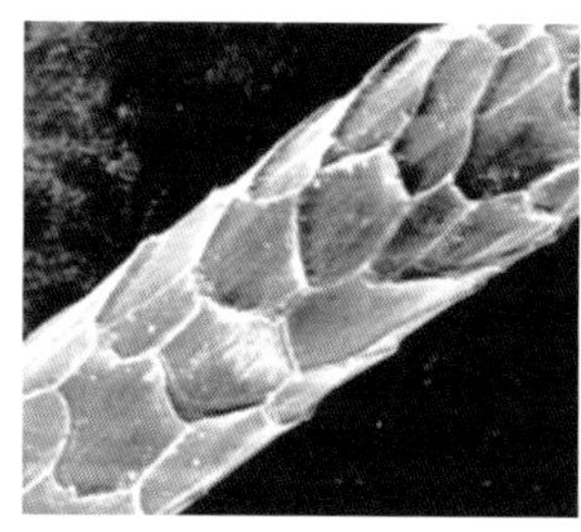
图7-1-7　彩色羊毛纤维

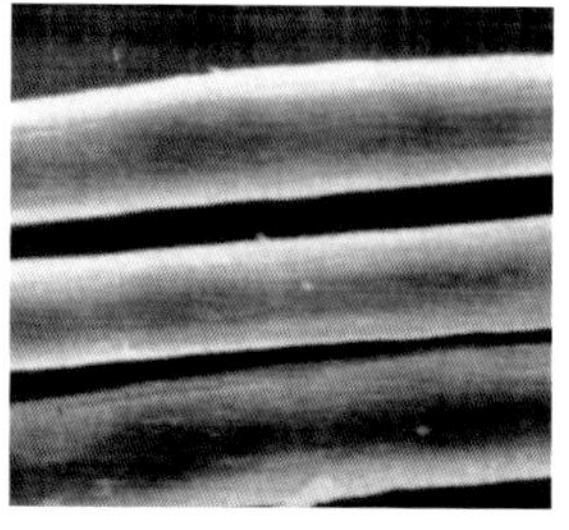
图7-1-8　无鳞羊毛纤维

图7-1-9　彩色长毛兔

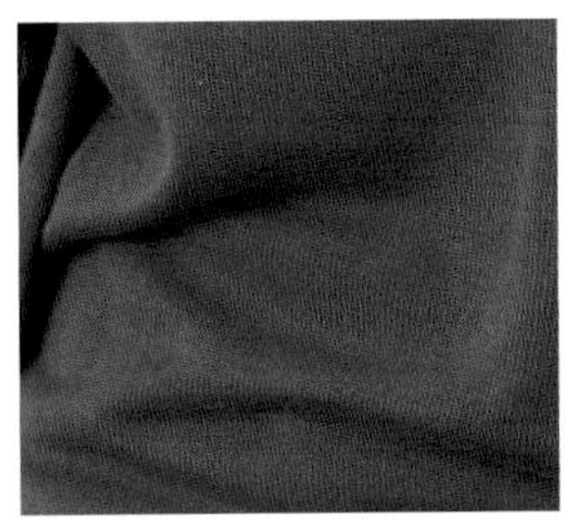

图7-1-10　彩色蚕丝1

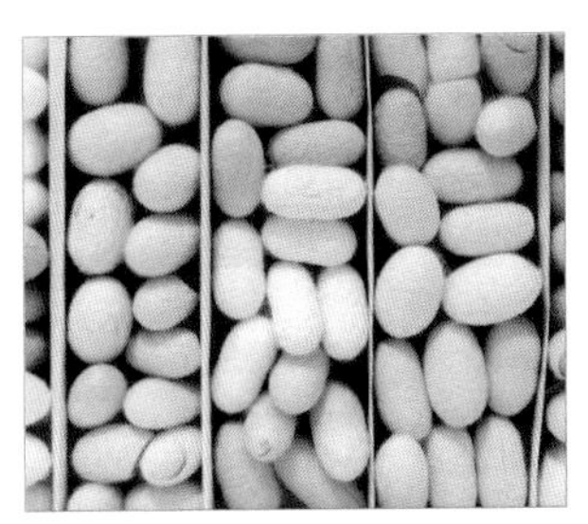
图7-1-11　彩色蚕丝2

（5）改良蚕丝。

对蚕丝的遗传基因进行改变，使之吐出的丝像“蛛丝”一样，其强度比蚕丝大10倍，比尼龙大5倍。其伸缩率达到35%，可用作“防弹背心”等功能服装。

3. 新型化学纤维服装材料

（1）新型再生纤维素纤维——天丝纤维。

天丝纤维（Tencel）是一种新型人造纤维素纤维，国际人造纤维局在1989年将其命名为“LYOCELL”。它来自树木内的纤维素，通过采用有机溶剂（NMMO）纺丝工艺，在物理作用下完成，整个制造过程无毒、无污染，故“天丝”被誉为“21世纪的绿色纤维”。

> 小贴士：
>
> 天丝产品洗涤方法与其他类似原料的产品洗涤方法大致相同。如果是短纤纯天丝产品，可放心大胆地用洗衣机洗涤。

天丝纤维具有天然纤维的舒适性，强度接近涤纶，可纯纺，也可与其他纤维混纺或交织，能开发出高附加值的各类服装面料、家用纺织品和产业用织物等。其所制成的织物具有吸湿性好、悬垂性好、强力高、抗静电性强、缩水率低和触感柔滑等特点（图7-1-12、图7-1-13）。

（2）新型再生纤维素纤维——莫代尔纤维。

莫代尔（Modal）纤维是一种环保的纤维素再生纤维，该纤维的原料采用云杉、榉木制成的木浆粕，通过专门的纺丝工艺加工成纤维。该产品原料全部为天然材料，对人体无害，并能够自然分解，对环境无污染。

莫代尔纤维的干强接近于涤纶，湿强比普通黏胶提高了许多，光泽、柔软性、吸湿性、染色性、染色牢度均优于纯棉产品；用它所做成的面料，展示了一种丝面光泽，具有宜人的柔软触摸感觉和悬垂感以及极好的耐穿性能，并且可与多种纤维混纺，具有很强的改性能力（图7-1-14、图7-1-15）。

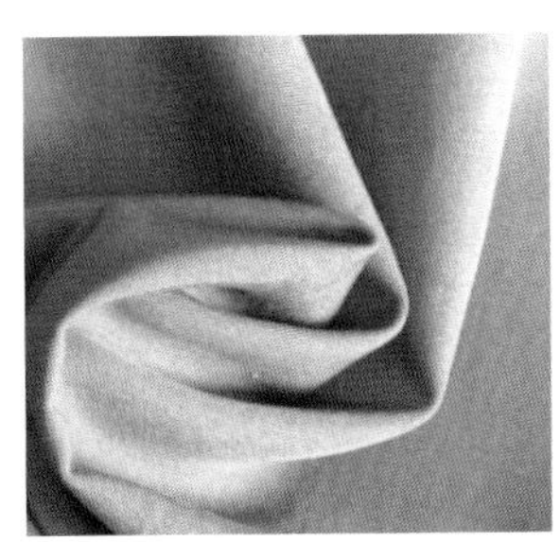
图7-1-12　天丝面料1

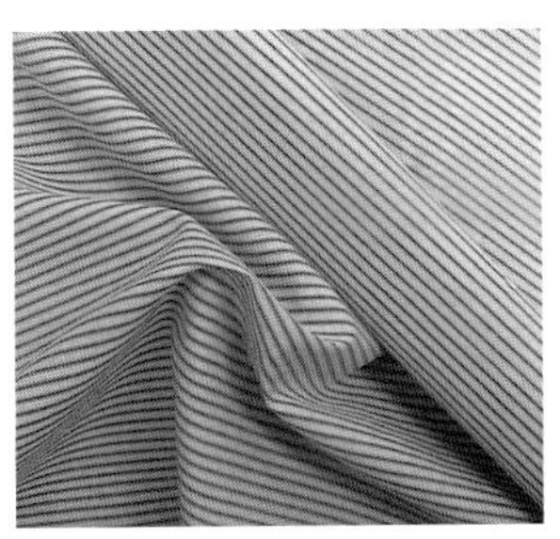
图7-1-13　天丝面料2

图7-1-14　莫代尔面料1

图7-1-15　莫代尔面料2

（3）新型蛋白质纤维——大豆纤维。

大豆蛋白纤维属于再生植物蛋白纤维类，是以榨过油的大豆豆粕为原料，利用生物工程技术，经湿法纺丝而成。其有着羊绒般的柔软手感，蚕丝般的柔和光泽，棉的保暖性和良好的亲肤性能，还有优异的抑菌功能等，被誉为“新世纪的健康舒适纤维”。

大豆蛋白纤维既具有天然蚕丝的优良性能，又具有合成纤维的机械性能，满足了人们对穿着舒适性、美观性的追求，又符合服装免烫、洗可穿的潮流。

（4）聚乳酸（玉米）纤维。

聚乳酸（玉米）纤维的物理性能介于涤纶和锦纶之间，吸湿性略优于涤纶，能快速吸汗并迅速干燥，它能抵抗细菌生长，是一种无臭、无毒、抗菌的纤维。聚乳酸纤维的原料全部来自植物，聚乳酸的生产过程无毒，燃烧不会产生有毒有害物质，且可以生物降解生成二氧化碳和水，所以它是一种理想的环保型新材料，是一种很有前途的新合纤。

聚乳酸纤维可纯纺，也可和棉、毛、麻等混纺，产品手感柔软，有丝质般的光泽和亮度，悬垂性、滑爽性、抗皱性、耐用性良好，穿着舒适，可用于内、外衣，运动服等（图7–1–16、图7–1–17）。

（5）甲壳素纤维。

甲壳素广泛存在于昆虫类、水生甲壳类的外壳和海藻的细胞壁中。用甲壳素制成的纤维，属纯天然素材，具有抑菌、镇痛、吸湿、止痒等功能，用它可制成各种抑菌防臭纺织品，被称为甲壳素保健纺织品，所以它是21世纪开发的又一种绿色功能纤维。

采用甲壳素纤维与棉、毛、化纤混纺织成的高级面料，具有坚挺、不皱不缩、色泽鲜艳、吸汗性能好且不透色等特点，同时，也可以作为医疗用途（图7–1–18）。

（6）新型复合合成纤维。

复合纤维又称聚合物的“合金”，是指在同一纤维截面上存在两种或两种以上的聚合物或者性能不同的同种聚合物的纤维。由于构成复合纤维的各组分高聚物的性能差异，使复合纤维具有很多优良的性能。如锦纶为皮层，涤纶为芯层的复合纤维，既有锦纶的染色性和耐磨性，又有涤纶模量高、弹性好的优点。此外，还可以通过不同的复合加工制成超细纤维和具有阻燃性、导电性、高吸水性的合成纤维。

图7–1–16
聚乳酸纤维面料1

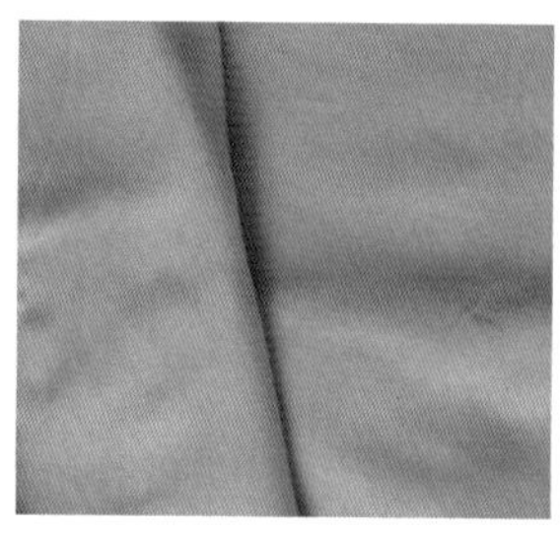

图7–1–17
聚乳酸纤维面料2

图7–1–18
棉/甲壳素纤维交织面料

二、新型功能材料

1. 保健服装材料

（1）微元生化纤维。

微元生化纤维是将超细微粒加入到化学纤维中而生产出来的，它可以改善人体循环，对多种疾病有较好的辅助治疗作用。

（2）远红外线保温保健织物。

将陶瓷粉末加入到纤维中，使纤维产生远红外线，可渗透到人体皮肤深处，并产生升温效果，起到保温作用（图7-1-19）。

（3）利用药物和植物香料制成的保健纺织品。

把药物或芳香型微粒织入织物中，制成保健纺织品。该纺织品不仅具有防护、保暖和美观的功能，还增添了嗅觉上的享受以及杀菌和净化环境、医疗保健的作用；还可以利用香味调节人的心理、生理机能，改变人的精神状态。

（4）防污服装材料。

利用表面能量级小的物质处理纤维制品表面，使水珠或油珠不能浸透制品，从而可以制成防污服装材料，使污物不附着在纤维制品表面，并使污染物质在洗涤过程中易脱落，从而达到卫生保健的目的（图7-1-20、图7-1-21）。

（5）其他保健服装材料。

此外，还有紧身按摩服、离子静电服、减肥服装等。

图7-1-19　远红外线保温保健面料服装

图7-1-20　防污服装材料1

图7-1-21　防污服装面料2

2. 安全防护服装材料

（1）防辐射纤维。

早在1998年，世界卫生组织就指出，电磁波辐射污染已成为继污水、废气和噪音污染之后的第四大污染，是世界公认的“隐形杀手”，被联合国人类环境会议列为必须控制的污染源。因此，防辐射材料可以用来防止过量的电磁波对人体产生的危害（图7-1-22、图7-1-23）。

目前，防辐射纤维有：抗紫外线纤维、防X射线纤维、防微波辐射纤维、防中子辐射纤维。20%金属纤维与棉等混纺可制成防辐射织物。金属纤维早期采用金属钢、铜、铅、钨或其他合金拉细成金属丝或延压成片，然后切成条状而制成。现已采用熔体纺丝法制取，可生产直径小于10微米的金属纤维。

图7-1-22　防辐射面料孕妇服装

图7-1-23　防辐射面料工作服

（2）耐热阻燃材料。

用碳纤维和凯夫拉（Kevlar）纤维混纺制成的防护服，穿着后短时间进入火焰中，对人体有充分的保护作用（图7-1-24、图7-1-25）。

聚苯并咪唑（PBI）纤维和凯夫拉（Kevlar）纤维混纺制成的防护服，耐高温，耐火焰，在450℃的高温时不燃烧、不熔化。

（3）防弹材料。

凯夫拉（Kevlar）纤维的强度为钢丝的5～6倍，而重量仅为钢线的1/5。它和“蛛丝”广泛应用于防弹衣、特种帆布等产品中。

（4）完全反光材料。

在普通的化学纤维生产过程中加入发光物质，以使服装在夜间发光，如夜间发磷光的安全帽、安全背心。还有利用黄色而发光的涂层织物，制成背心、帽子或路标，以保证交通安全（图7-1-26、图7-1-27）。

图7-1-24　耐热阻燃面料消防服装

图7-1-25　耐热阻燃面料工作服

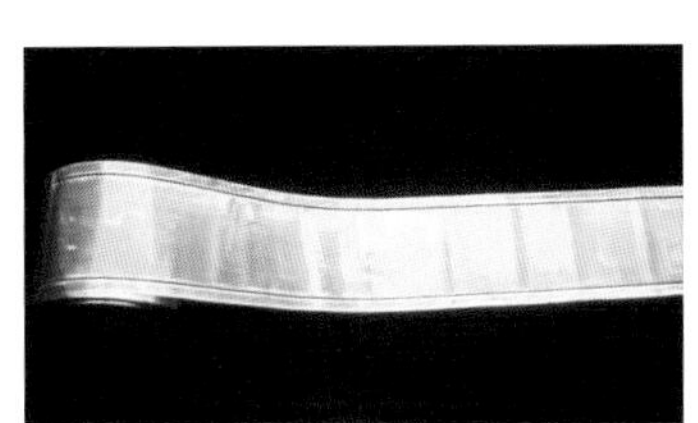
图7-1-26　完全反光材料

图7-1-27　完全反光材料工作服

（5）防蚊虫服装及其材料。

服装材料在特制的药液中浸泡处理，昆虫落到衣服表面会被杀死，而此药对人体无害。

（6）核、生化武器的防护服。

活性碳纤维是将织物用含氯化合物处理，再将其送进含有二氧化碳的炉中加热至600℃~800℃，使织物炭化并有活性。用碳纤维织物做阻挡层织成面罩、服装，用来防核、生化武器。

3. 提高舒适性的服装材料

通过服装材料的性能，来改善服装气候，调节服装的吸湿、保暖或凉爽条件，以达到着装的舒适目的。

（1）吸湿性的改善。

服装面料的吸汗、透湿性能，是服装穿着舒适性的重要内容。通过对聚合物的改性、与亲水化合物共混纺丝、纤维的多孔化处理、纤维表面异形、采用特殊的织物结构等方法，可改善合成纤维的吸湿性，使制成的衣服具有吸汗、吸湿、透气、干爽的特性。如上文提到的甲壳质纤维，可将其用作芯料，贴身的里层为纯棉织物，当将此种面料用于运动服时，由运动产生的汗水被棉里及甲壳质迅速吸收，并通过透湿防水层向外扩散。

（2）保暖性的改善。

保暖的材料如用羊毛制成的“太阳绒”，将传统的100%羊毛纤维充分绒化，蓬松后置于两层软镜面之间，使之形成厚薄可控的热对流阻挡层，其导热系数极低，并对人体射线有反射作用，从而有很好的保暖性；此外，用复合材料制成的“太空棉”“弹力棉”等，都有很好的防寒性。

（3）凉爽性的改善。

像杜邦公司的“凉爽棉”“冰帽”和用微胶囊技术生产的凉爽裤袜已批量生产问世，可以提高服装的防暑凉爽性。

4. 智能性服装材料

所谓智能性服装材料，是指服装的功能懂得身体语言，可以根据人体与环境的变化而变化，即智能性服装材料对能量、信息具备储存、传递和转化的能力。智能服装原属尖端领域，现已慢慢发展到日常服装中。

（1）情绪手套。

此类手套可通过检测手掌的温度、脉搏和皮肤的导电性来确定人的情绪。一旦心情压抑、情绪焦虑，手上的手套就会一闪一闪地发光警告，这时你最好放下手头的工作，去呼吸新鲜空气或者喝杯咖啡放松一下。

（2）保温袜子。

它内含数十亿个保温微粒，有很好的吸热性，可以根据环境和体温的差别吸收或释放热量。平时它可以吸收双脚产生的热量，减少脚汗。当双脚温度下降时，它又能将储藏的热量缓慢地释放出来为双脚保温。

（3）医护衬衣。

这种衬衣带有多个传感器以及信号发射装置。它可以检测穿着者的体温、心跳和血压等数据，并通过卫星将这些数据传送到医院，便于医院对病人实行远程看护。一旦发生紧急情况，医院可以通过衬衣上的卫星定位装置及时找到病人进行抢救。

（4）“变色龙军服”。

这种军服能防弹，能依照周围的环境改变颜色，能测量士兵的心跳，能自动调整军服内的温度，并能检测到生化武器的攻击。它的面料是透气的，平时穿着十分舒适，但在检测到敌人使用生化武器时又能瞬间密闭，与外界完全隔离。

三、其他新型材料

1. 可食布

此材料以牛奶为原料，先将其脱水、脱脂，再配以专门的穿着用溶剂，经高压喷射制成如蚕丝般又细又长的牛奶纤维。因牛奶纤维有丰富的蛋白质，同人体皮肤的成分很接近，所以用它做内衣，贴身穿特别舒服。用此类纤维制成的服装，可洗涤且易干、免烫，尤其适合野外工作者和部队战士穿用。一旦遇险或给养中断时，可用服装代粮充饥，帮助其解决困难。

2. “形状记忆”纤维

“形状记忆”纤维是指纤维第一次成型时，能记忆外界赋予的初始形状，定型后的纤维可以任意发生形变，并在较低的温度下将此形变固定下来（二次成型）或者是在外力的强迫下将此变形固定下来。当给变形的纤维加热或水洗等外部刺激条件时，形状记忆纤维可回复原始形状，也就是说最终的产品具有对纤维最初形状记忆的功能。具有形状记忆的材料有记忆合金、陶瓷、高聚物、凝胶等（图7-1-28）。

3. 会“变色”的液晶面料

会“变色”的液晶面料是将热敏化合物掺到染料中，再印染到织物上的面料。热敏化合物的主体是液晶，液晶受外界磁、电、光、声、热和外力等环境因素的影响很大。当这些因素变化时，液晶分子的排列顺序就会变化，引起对各种色光的折射率改变，从而使看到的颜色发生了变化。科学家正是利用对温度敏感的液晶，研制出了变色服装（图7-1-29）。

除以上提到的面料之外，还有会发光的材料、免洗面料等。随着科技的发展，将会有越来越多神奇的、具有特殊功能的新型服装面世，为我们带来更美好、更健康的生活。

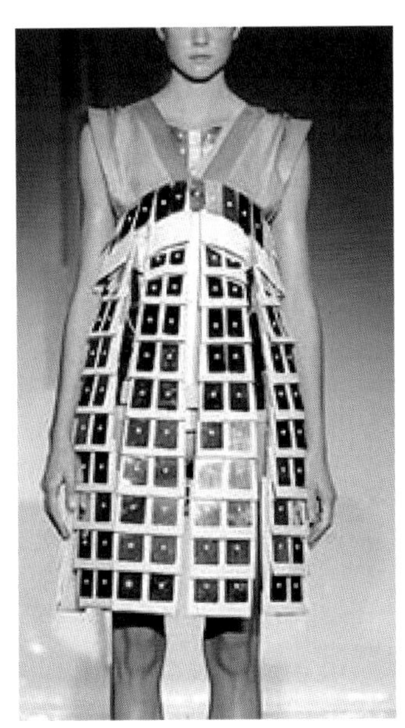

图7-1-28　“形状记忆”面料服装

图7-1-29　“变色”液晶面料服装

第二节　服装材料的外观再造设计

一、服装材料的外观再造设计手法

材料再造设计，又称服装材料的二次设计，是指根据设计的需要，在原有材料的基础上，对成品材料进行二次工艺处理，运用各种手段进行立体体面的重塑改造，使现有的材料在肌理、形式或质感上都发生较大的甚至是质的变化，使之产生新的艺术效果。面料再造体现了设计师的创新思想，是服装设计的创新手段之一。

在服装创作过程中，设计师为了充分表达自己的设计构思，在符合审美原则和形式美感的基础上，采用传统与现代的装饰手法，通过解构、重组、再造、提升来对面料进行再次创新设计，塑造出具有强烈个性色彩及视觉冲击力的服装外观形态面料来作为服装的载体，在服装设计中起着极其重要的作用。面料的创意设计——面料再造，已经成为体现服装艺术设计创新能力的一个重要方面。

1. 面料形态的增型处理

增型处理一般是选用单一的或两种以上的材质，在现有面料的基础上进行黏合、热压、车缝、补、挂、绣等工艺手段，形成立体的、多层次的设计效果，如点缀各种珠子、亮片、贴花、盘绣、绒绣、刺绣、纳缝、金属铆钉、透叠等（图7-2-1至图7-2-8）。

图7-2-1　亮片缝缀增型处理

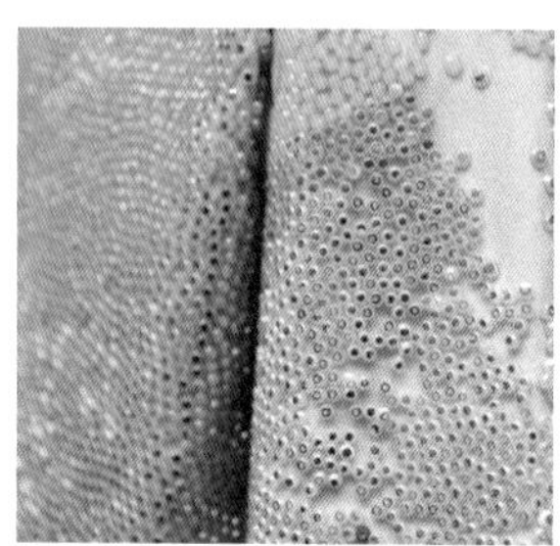
图7-2-2　黏合增型处理

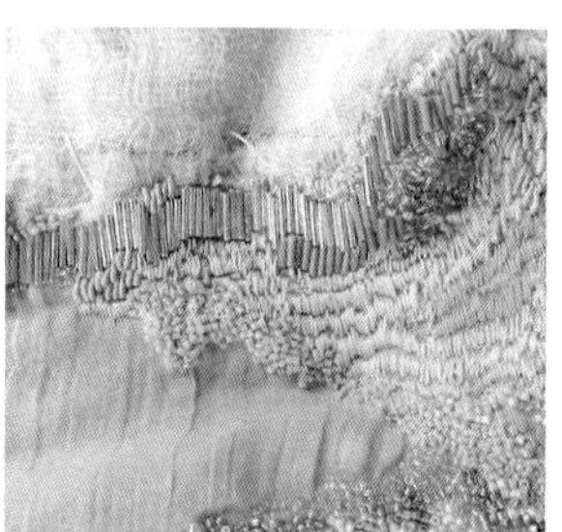
图7-2-3　刺绣增型处理1

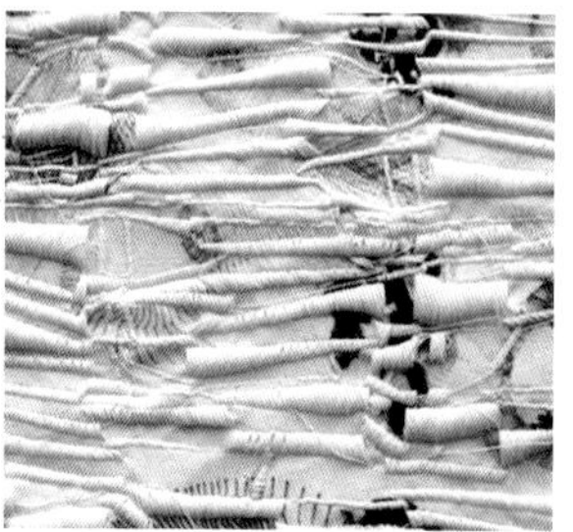
图7-2-4　刺绣增型处理2

图7-2-5　钉珠缝缀增型处理

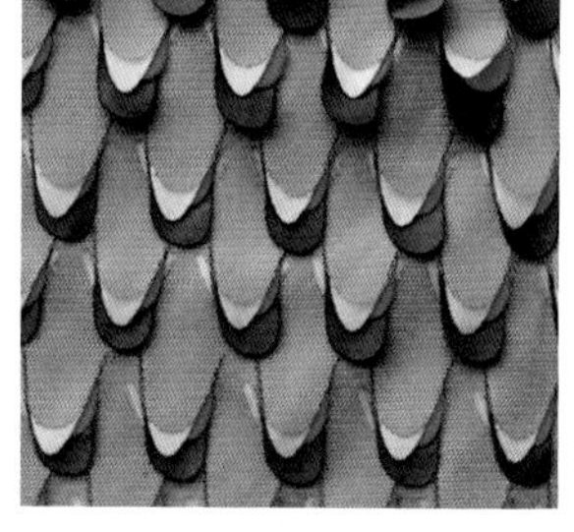
图7-2-6　叠合增型处理

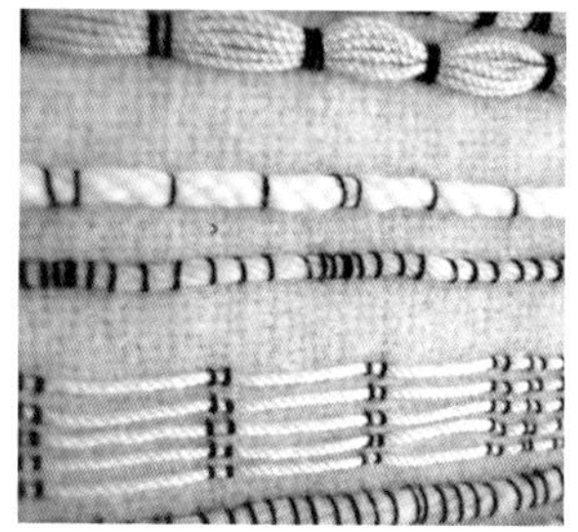
图7-2-7　绳带绣增型处理1

图7-2-8　绳带绣增型处理2

2. 面料形态的减型处理

减型处理是按设计构思对现有的面料进行破坏，如镂空、烧花、烂花、抽丝、剪切、磨砂等，形成错落有致、亦实亦虚的效果（图7-2-9至图7-2-16）。

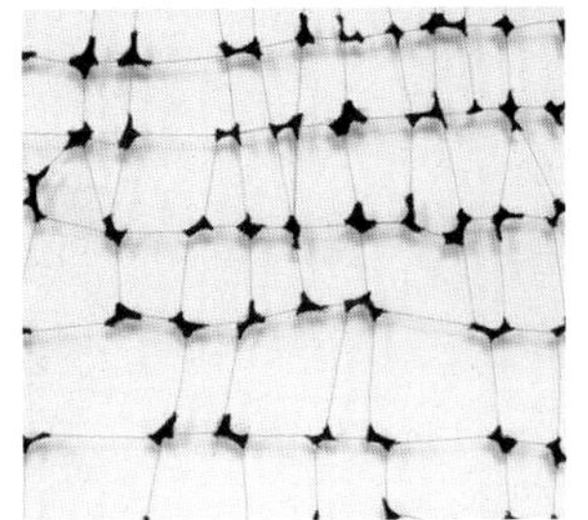
图7-2-9 抽纱减型处理1

图7-2-10 抽纱减型处理2

图7-2-11 切割减型处理1

图7-2-12 切割减型处理2

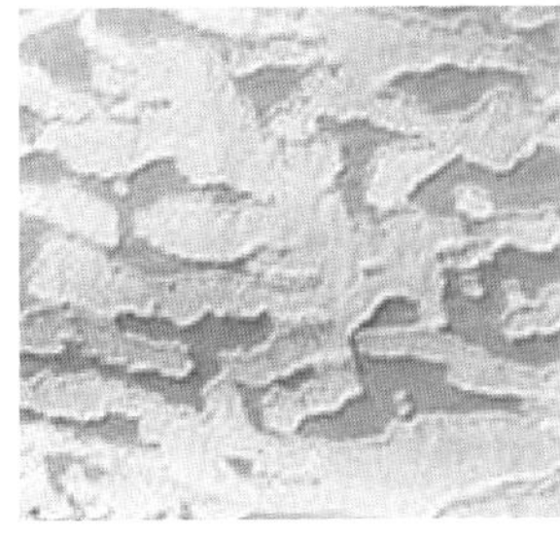
图7-2-13 烂花减型处理

图7-2-14 镂空减型处理1

图7-2-15 镂空减型处理2

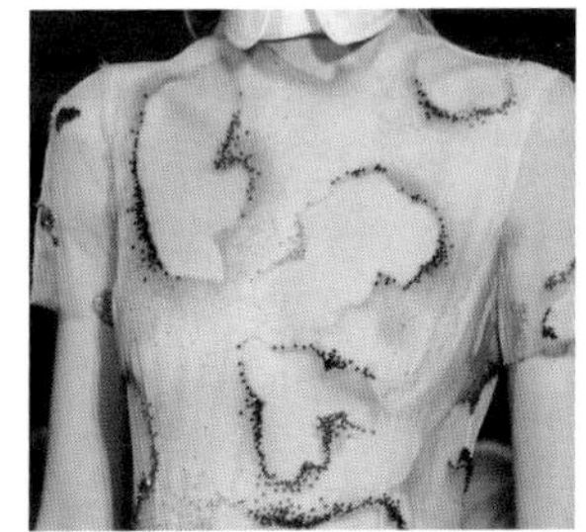
图7-2-16 镂空减型处理3

3. 面料形态的钩编处理

钩边处理是将不同质感的线、绳、皮条、带、装饰花边，用钩织或编结等手段，组合成各种极富创意的作品，形成凹凸交错、连续对比的视觉效果（图7-2-17至图7-2-26）。

图7-2-17 皮条钩编处理

图7-2-18 填充芯线钩编处理

图7-2-19 抽纱钩编处理

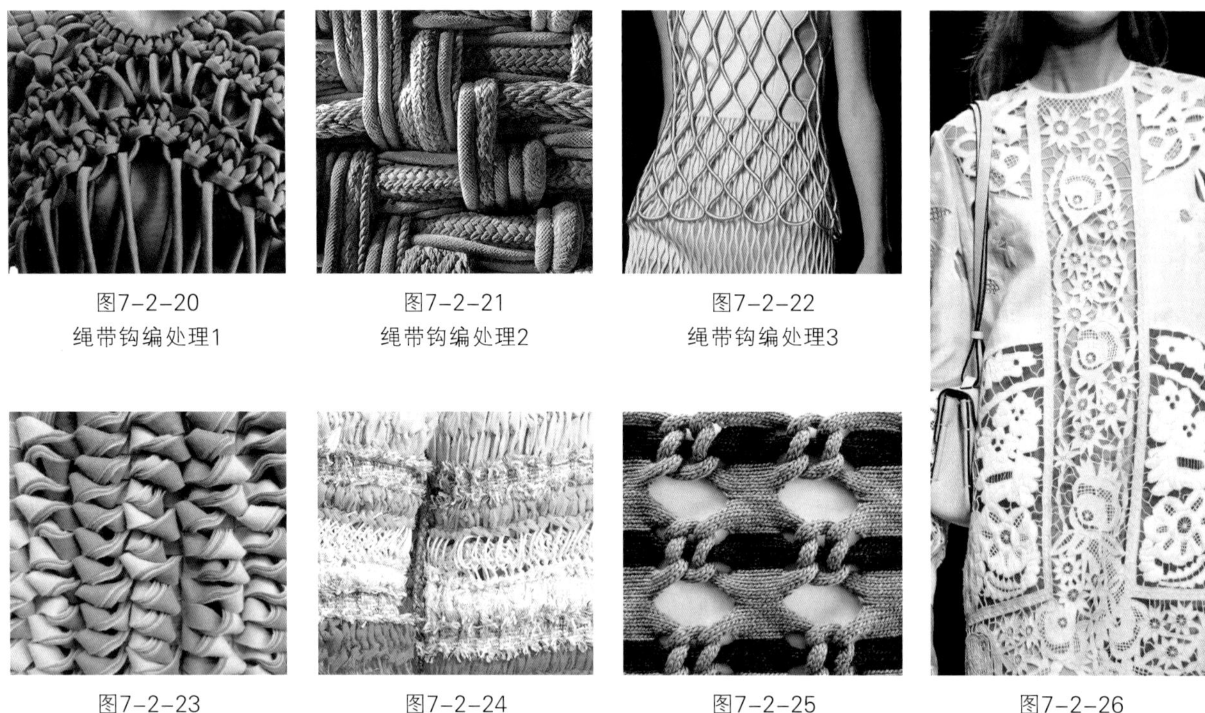

图7-2-20
绳带钩编处理1

图7-2-21
绳带钩编处理2

图7-2-22
绳带钩编处理3

图7-2-23
切割钩编处理

图7-2-24
综合钩编处理

图7-2-25
针织钩编处理

图7-2-26
装饰蕾丝钩编处理

4. 面料形态的变形处理

变形处理代表性的手法是系扎法。其基本方法是用针挑起面料上确定的点，然后抽成一点拉紧后打结。根据在面料上连线点的距离长短和连线点方向的变换，形成的图案可大可小，可连可断，并且耐水洗、不松散，是一种独特的设计表现方法。系扎法中不同的点连接可以形成不同的肌理外观，结合不同款式可以塑造多样的服装风格（图7-2-27至图7-2-36）。

图7-2-27　面料折叠系扎变形处理1

图7-2-28　面料折叠系扎变形处理2

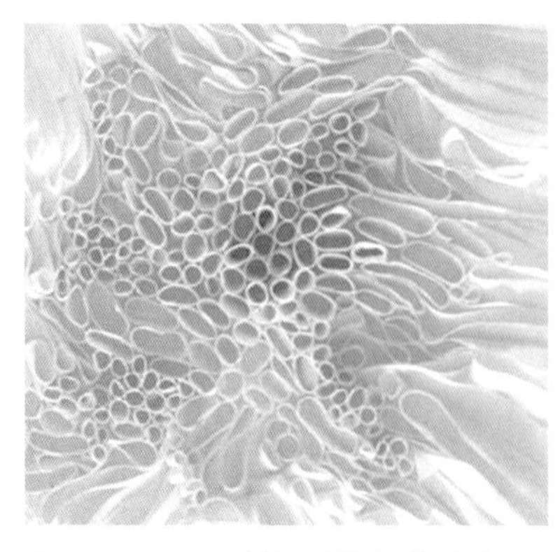

图7-2-29　面料切割堆叠变形处理

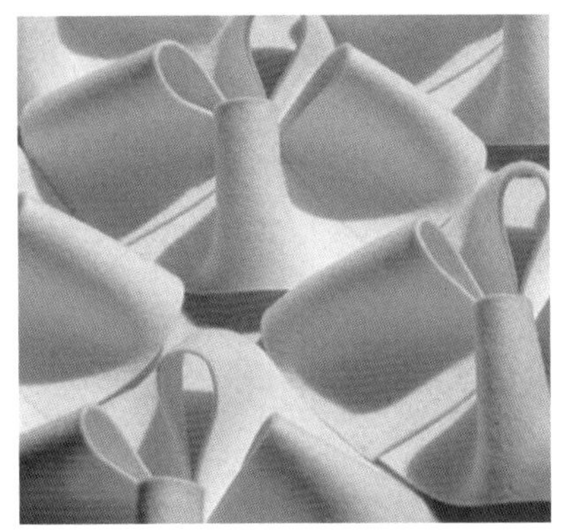
图7-2-30　面料切割系扎变形处理

图7-2-31　针织变形处理

图7-2-32　面料缝合变形处理

图7-2-33　面料抽缩变形处理1

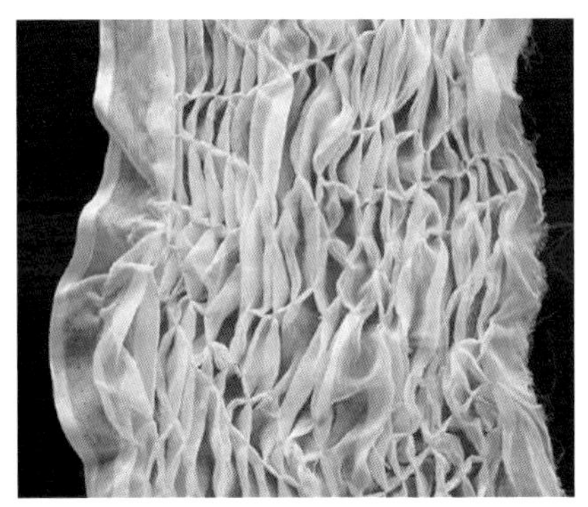
图7-2-34　面料抽缩变形处理2

图7-2-35　面料立体布纹变形处理1

图7-2-36　面料立体布纹变形处理2

5. 面料形态的综合处理

在进行服装面料再造设计时往往采用多种加工手段，如将剪切和叠加、绣花和镂空等同时运用，对面料形态进行综合处理。灵活运用综合设计的表现方法会使面料的表情更丰富，创造出别有洞天的肌理和视觉效果（图7-2-37至图7-2-48）。

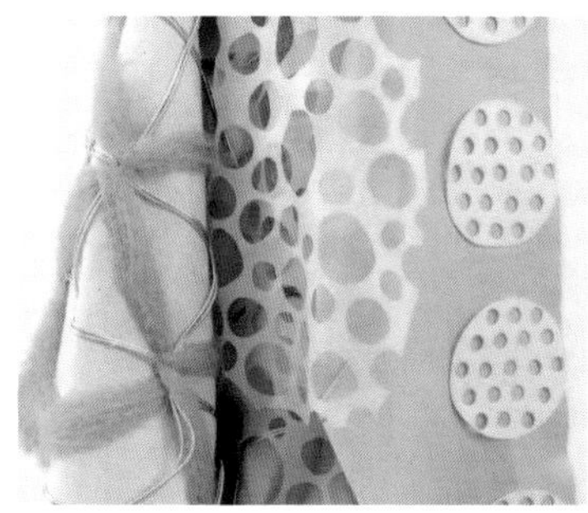
图7-2-37　面料形态综合处理1

图7-2-38　面料形态综合处理2

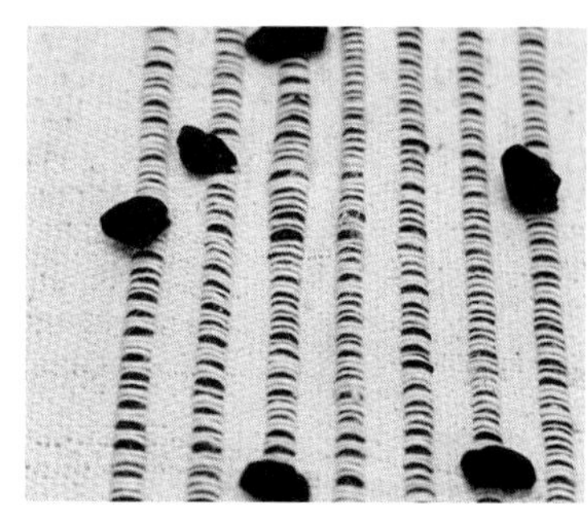
图7-2-39　面料形态综合处理3

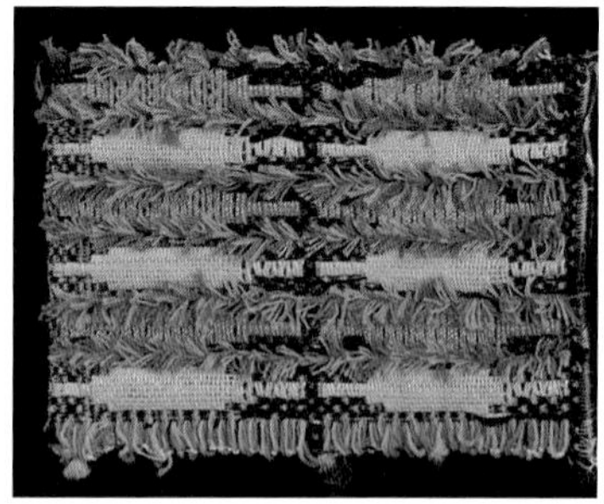
图7-2-40　面料形态综合处理4

图7-2-41　面料形态综合处理5

图7-2-42　面料形态综合处理6

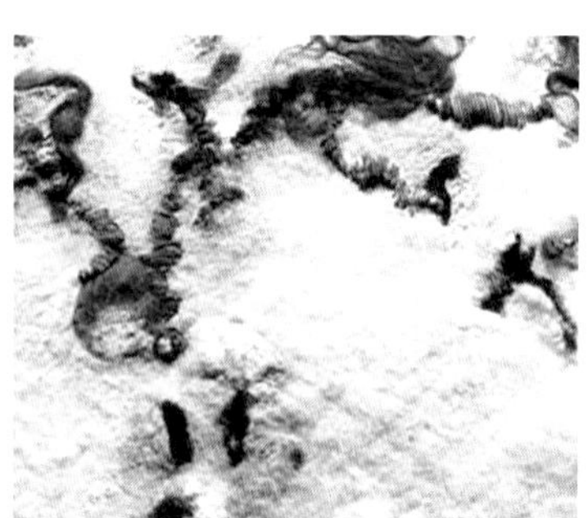
图7-2-43　面料形态综合处理7

图7-2-44　面料形态综合处理8

图7-2-45　面料形态综合处理9

图7-2-46　面料形态综合处理10

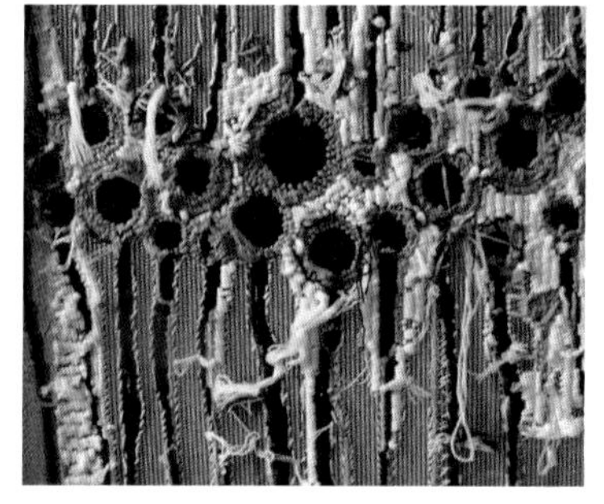
图7-2-47　面料形态综合处理11

图7-2-48　面料形态综合处理12

二、服装材料的外观再造设计思维路径

在服装设计与创作的过程中，材料外观再造作为一个有效的设计切入口，可以引导设计师在选择材料、组合材料、改造材料的过程中，通过外观模拟、主题拓展、材料替换等思维路径，以材料再造设计为原点出发，寻找设计灵感、推进设计表达、实现设计构思，丰富服装设计的创意路径。

1. 主题的视觉表达

在寻找服装设计主题的过程中，可将服装材料作为记录、探索、实验与表达的载体，通过综合使用上述材料再造手法，打破固有材料的现有外观，组合模拟出新的材料外观和丰富的视觉效果，从而表达对音乐、电影、文字、自然景观、社会现象、文化浪潮、生活方式等方面的观察与探讨，并模拟出其视觉特质。该思维路径下，不只将服装材料作为设计的物质基础，更将其作为设计思考出发点与灵感来源的视觉表达（图7-2-49至图7-2-51）。

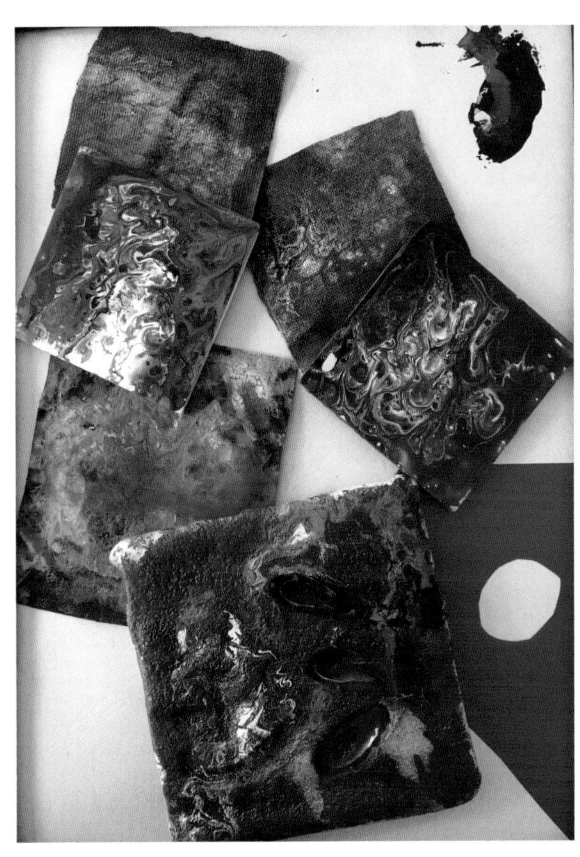

图7-2-49　服装材料的外观再造的视觉表达1

图7-2-50　服装材料的外观再造的视觉表达2

图7-2-51　服装材料的外观再造的视觉表达3

2. 主题拓展

设计主题确立后，可根据主题视觉中相关的元素，进行开放性材料的再造模拟。此过程可有多轮的思考与创作，最终达到主题的拓展与深化。

在第一轮材料模拟中，可不局限于纺织材料，也不需要考虑材料的服用可能性，通过综合运用更为广泛的材料，打破常规材料原有的质感和视觉观感，通过反复的、多种手段的混合处理，模拟出主题中的设计元素外观效果，将平面的视觉元素转化为2.5维的材料小样。

在第二轮的材料模拟中，可根据第一轮开放性材料模拟的成果，缩小材料范围，选用服装可用材料对第一轮材料的再造结果进行外观再模拟，通过纺织面辅料及皮革等材料的综合运用，以模拟综合材料的色彩及肌理为目的，完成材料再造模拟的最终小样。然后，将材料小样的创新组合形式为核心元素，结合主题进行服装创意设计。

材料外观再造设计的主题拓展思维路径，通过第一轮综合材料的模拟，既将视觉元素材料化，同时也突破了服装材料的局限性，用更为广泛的材料营造更具突破性的效果，而后再通过第二轮模拟将材料再造拉回到服装设计相关范畴，并最终服务于服装的创意设计，这是非常有效的突破传统材料局限的服装创意设计路径（图7-2-52至图7-2-59）。

图7-2-52　服装材料的外观再造的主题拓展1

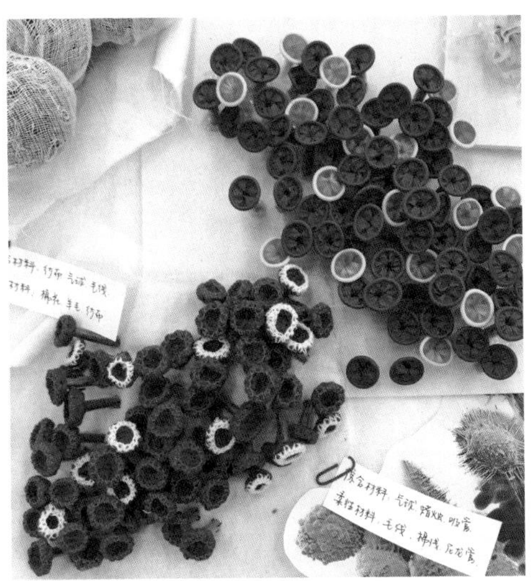

图7-2-53　主题拓展中的材料模拟1

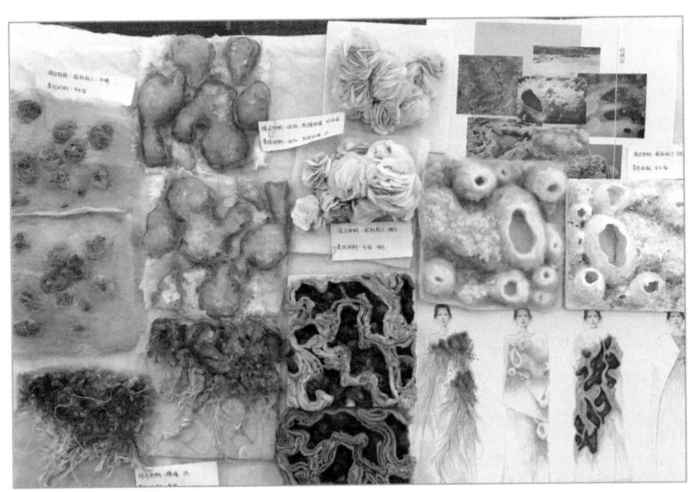

图7-2-54　服装材料的外观再造的主题拓展2

图7-2-55　主题拓展中的材料模拟2

图7-2-56　服装材料的外观再造的主题拓展3

图7-2-57　主题拓展中的材料模拟3

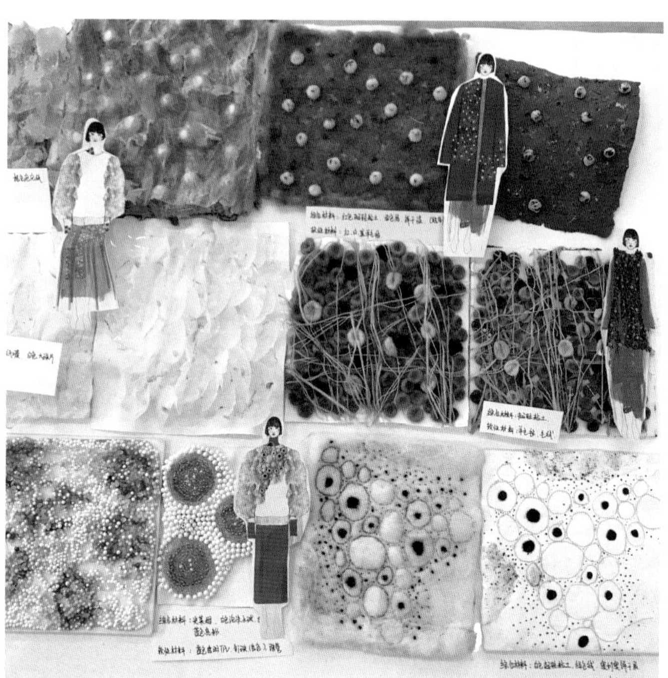
图7-2-58　服装材料的外观再造的主题拓展4

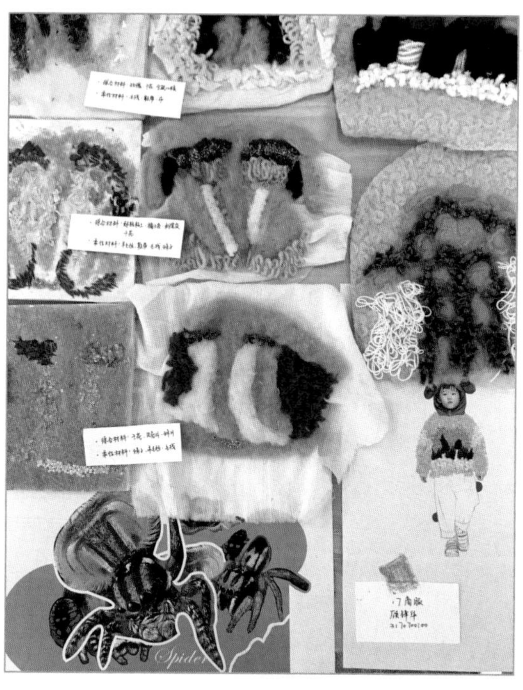
图7-2-59　服装材料的外观再造的主题拓展5

三、材料的外观再造设计在服装中的应用

对服装面料施以最合理的再造手法，必须遵循服装形式美的基本规律和基本法则，如对称、均衡、对比、调和、节奏、比例、夸张、反复等。但无论是何种形式美法则，都需要有度地控制。

1. 在服装局部设计中的应用

根据服装设计的理念定位，为突出或强调某一局部的变化，增强该局部面料与整体服装面料的对比性，有针对性地进行局部面料再造设计。主要部位有：领部、肩部、袖子、胸部、腰部、臀部、下摆或衣服边缘部位等。如在领部、袖口部进行面料再造设计，使该部位变得立体、生动，与服装的整体平整性形成对比（图7-2-60至图7-2-73）。

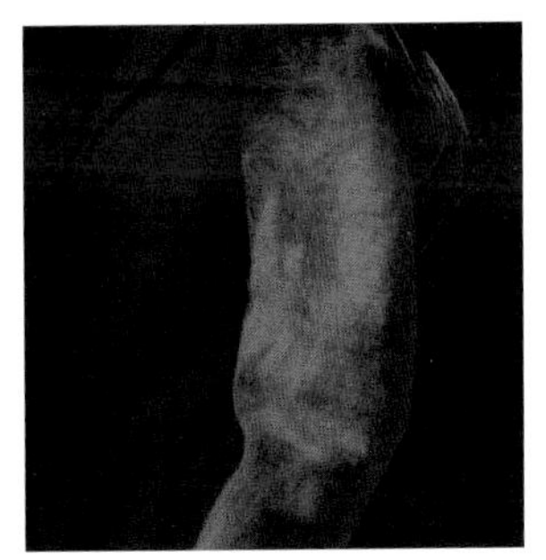
图7-2-60　局部应用1

图7-2-61　局部应用2

图7-2-62　局部应用3

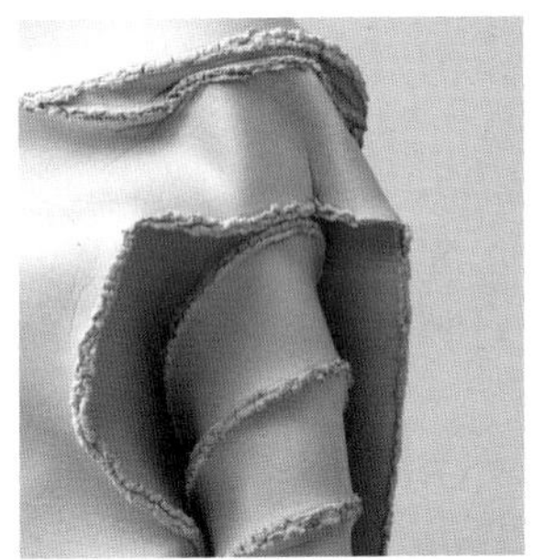
图7-2-63　局部应用4

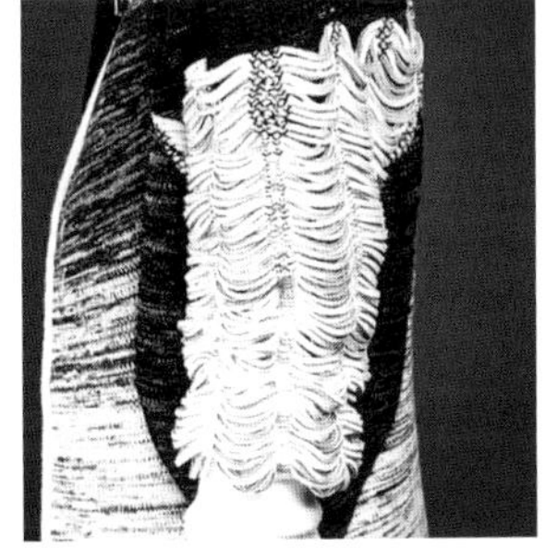
图7-2-64　局部应用5

图7-2-65　局部应用6

图7-2-66　局部应用7

图7-2-67　局部应用8

图7-2-68　局部应用9

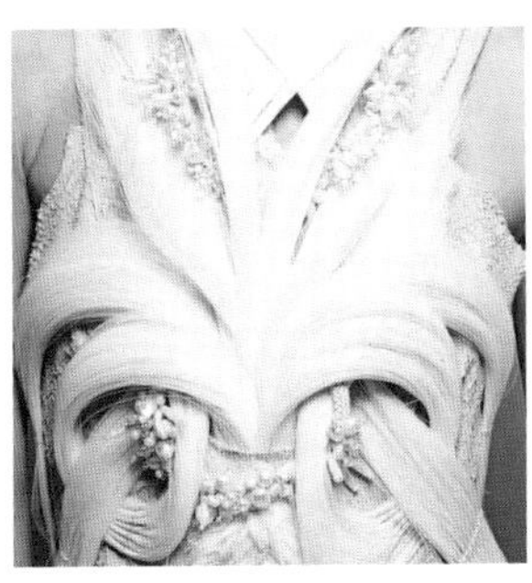
图7-2-69　局部应用10

图7-2-70　局部应用11

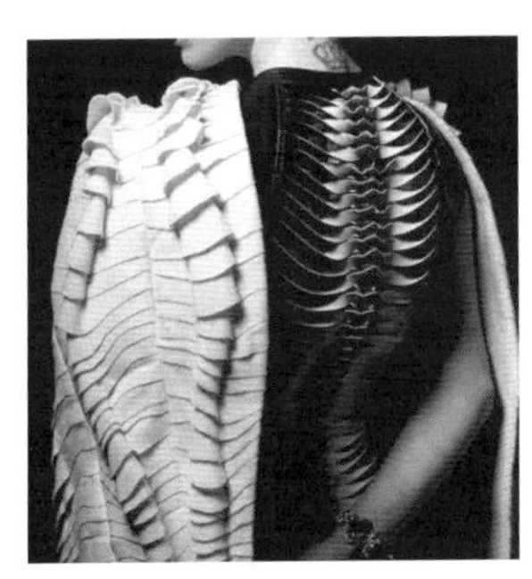
图7-2-71　局部应用12

图7-2-72　局部应用13

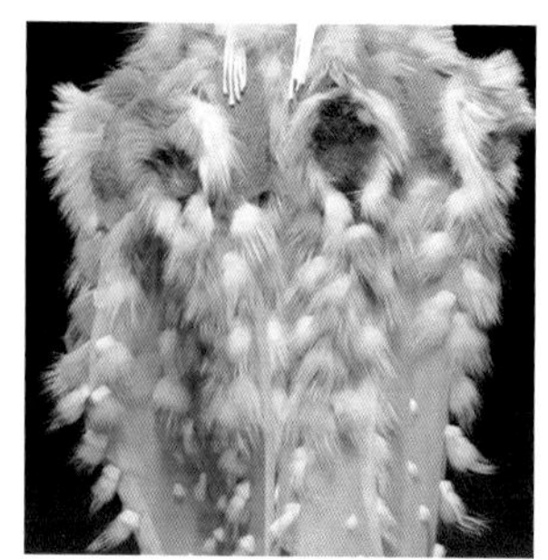

图7-2-73　局部应用14

2. 在服装整体设计中的应用

对面料进行整体再造，强化面料本身的肌理、质感或色彩的变化，能展示服装设计师对面料再造设计与服装设计两者之间的把握和调控能力。该类服装以突出面料变化为主，款式相对较为简单（图7-2-74至图7-2-85）。

图7-2-74　整体应用1

图7-2-75　整体应用2

图7-2-76　整体应用3

图7-2-77　整体应用4

图7-2-78　整体应用5

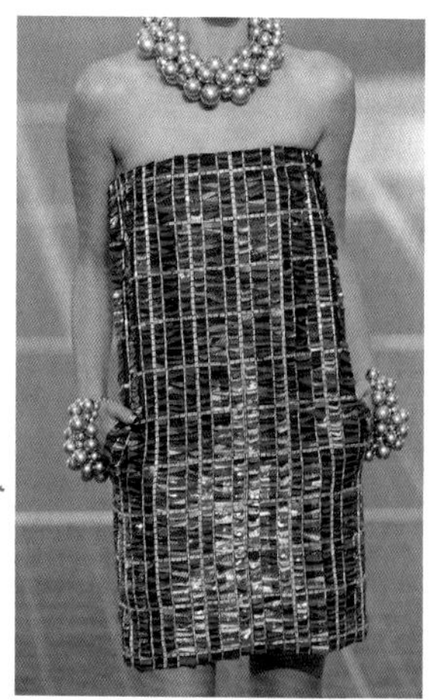

图7-2-79　整体应用6

图7-2-80　整体应用7

图7-2-81　整体应用8

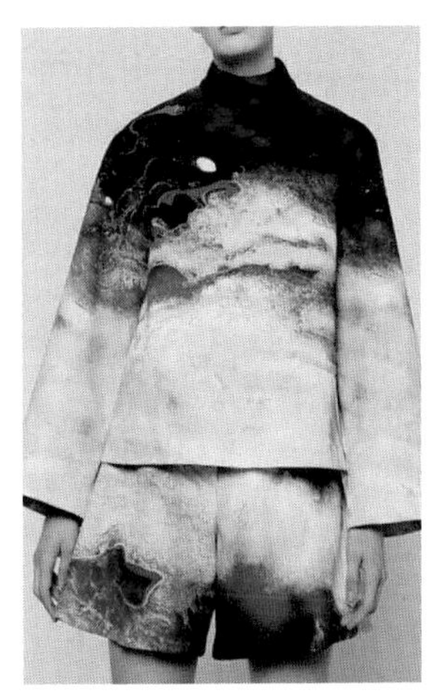

图7-2-82 整体应用9

图7-2-83 整体应用10

图7-2-84 整体应用11

图7-2-85 整体应用12

Workshop

4～5人为一组，对以下问题进行讨论分析：

1. 21世纪服装材料的发展趋势是怎样的？可以从内在与外观两方面进行分析。

2. 除文中所提到的，请尝试再列举一些其他的新型服装材料。

3. 请按文中所提到的面料外观再造的设计手法，寻找相应的新案例，最好能与实物相结合，并提出自己对面料再造的创新想法。

附　录

附录1　常见化学纤维的统一命名

市场名称	学术名称	统一命名		注释
		短纤维	长纤维	
黏胶	黏胶纤维	黏纤	黏胶丝	又称人造棉、人造毛、人造丝
虎木棉 富强棉	高湿模量 黏胶纤维	富纤	富强丝	是一种湿强比较高的黏胶纤维
锦纶 尼龙	聚酰胺纤维	锦纶	锦纶丝或锦丝	大量用于纺织锦纶袜、尼龙袜
聚酯纤维 涤纶	聚对苯二甲 酸乙二酯纤维	涤纶	涤纶丝或涤丝	现市场上大部分化纤织物都是采用涤纶长丝或短纤维原料
腈纶 奥纶	聚丙烯腈纤维	腈纶	腈纶丝或腈丝	有纯纺的，也有和羊毛、涤纶等混纺的
维尼龙	聚乙烯醇醛纤维	维纶	维纶丝或维丝	与棉混纺较多，称维棉布，也有与黏胶混纺或纯纺的
丙纶	聚丙烯纤维	丙纶	丙纶丝或丙丝	有纯纺、混纺或做絮棉的
氯纶	聚氯乙烯纤维	氯纶	氯纶丝或氯丝	用于针织品和保温絮棉、衬料等

附录2　常用化学纤维的国外商品名

国内统一名称	国外商品名
锦纶-66	贝纶（Perlon）（德国），尼龙-66（Nylon）（美国等），尼尔法兰西（Nylfrance）（法国）
锦纶-6	贝纶（Perlon）（德国），恩卡纶（Enkalon）（英国、荷兰、西班牙），卡普罗纶（Caprolan）（美国），阿米纶（Amilan）（日本），格里隆（Grilon）（巴西、瑞士），尼维翁（Nivion）（意大利），努雷尔（Nurel）（西班牙）

（续表）

国内统一名称	国外商品名
涤纶	特利纶（Terylene）（英国），达可纶（Dacron）（美国），帝特纶（Tetron）（日本），迪奥纶（Diolen）（德国），泰格尔（Tergal）（法国），泰里塔尔（Terital）（意大利）
维纶	维尼纶（Vinylon）、可乐纶（Kuralon）、克里莫纳（Cremona）、妙龙（Mewlon）、钟渊维尼龙（Kanebian）（日本），维纳尔（Vinal）（美国）
氨纶	斯潘齐尔（Spanzelle）、莱克拉（Lycra）、瓦伊纶（Vyrene）（美国）
腈纶	奥纶（Orlon）、阿克利纶（Acrilan）、克丽丝纶（Creslan）、泽纶（Zetran）（美国），考特尔（Countelle）（英国），德拉纶（Dralon）（德国），爱克斯纶（Exlan）、开司米纶（Cashmilon）、东丽纶（Toraylon）、贝丝纶（Baslan）、伏耐尔（Vonnel）（日本） 以下为改性腈纶：维勒尔（Verel）、代勒尔（Dynel）、维荣（Vinyon）（美国），蒂克纶（Teklan）（英国），卡耐卡纶（Kanecaron）（日本）
丙纶	宝纶（Pylen）（日本），梅拉克纶（Meraklon）（意大利），考特尔（Courtelle）（英国），利丰（Reevon）、奥雷（Olane）（美国）
氯纶	佩采乌（PCU）（德国），罗维尔（Rhovyl）、菲帛拉维尔（Fibravyl）（法国），天美龙（Teviron）、恩维纶（Envilon）（日本）
偏氯纶	萨纶（Saran）、珀玛纶（Permalam）、维隆（Velon）、泰甘（Tygan）（美国），萨纶、羽纶（Kurehalon）（日本），克罗纶（Clorene）（法国）

附录3　短纤纱、长丝纱、变形纱织物性能比较

短纤纱	光滑长丝纱	变形长丝纱
1. 织物有棉感或毛感	1. 织物有丝绸感	1. 兼有长丝纱和短纤纱织物的外观
2. 纤维强力没有充分利用	2. 纤维强力充分利用	2. 强力尚可，没有充分利用
3. 由短纤维加捻而形成纱，纱线外有毛羽	3. 由连续长丝组成光滑而紧密的丝缕	3. 由连续长丝组成不规则的多孔的柔软丝缕

（续表）

短纤纱	光滑长丝纱	变形长丝纱
▲ 有茸毛外观	▲ 光滑而有光泽的外观	▲ 外观蓬松
▲ 会引起小球	▲ 不会很快引起小球	▲ 起球程度居中（决定于织物结构）
▲ 很快沾污	▲ 不易沾污	▲ 较长丝纱易沾污
▲ 暖感	▲ 冷感、滑溜感	▲ 较长丝纱有暖感
▲ 蓬松性取决于纱线的细度和捻度	▲ 缺乏蓬松性	▲ 有蓬松性
▲ 不易很快引起抽丝	▲ 抽丝取决于织物结构	▲ 易抽丝
▲ 延伸性取决于捻度的大小	▲ 延伸性取决于捻度大小	▲ 延伸性取决于加工方法
▲ 覆盖性大，透明度小	▲ 覆盖性小，透明度大	▲ 覆盖性大，透明度大
4. 有吸湿能力	4. 吸湿能力取决于纤维成分	4. 同样纤维吸湿能力大于长丝纱
5. 可以具有不同的捻度	5. 常用很低或很高的捻度	5. 常用低捻
6. 加工系统最复杂	6. 加工流程最简单	6. 加工比长丝纱复杂

附录4　常用大类纤维燃烧鉴别方法

纤维类别	燃烧状态	气味	灰烬
纤维素纤维： 棉、麻、黏胶等	入火燃烧，黄色火焰缓慢移动	有烧纸的气味	灰烬少而细软，像面粉
蛋白质纤维： 羊毛、真丝等	入火燃烧，离火熄灭	有烧羽毛的臭味，毛纤维臭味更浓	灰烬结块，松脆，能捏碎
合成纤维： 涤纶等	近火收缩、软化、熔融，燃烧迅速	有烧塑料的气味或其他刺鼻气味	灰烬结块，不能捏碎

附录 5

几种常用纤维的吸湿率比较

纤维类别	吸湿（%）20℃，RH65%	纤维类别	吸湿率（%）20℃，RH65%
棉纤维	7	涤纶纤维	0.4～0.5
苎麻纤维	7～10	锦纶纤维	3.5～5.0
羊毛纤维	16	腈纶纤维	1.2～2.0
蚕丝纤维	9	丙纶纤维	0
绢丝纤维	9	氯纶纤维	0
黏胶纤维	12～14	氨纶纤维	0

不同材料的导热系数比较

环境温度20℃时　　单位：W/（m.℃）

材料名称	导热系数λ	材料名称	导热系数λ
棉纤维	0.071～0.073	涤纶纤维	0.081
羊毛纤维	0.052～0.055	腈纶纤维	0.051
蚕丝纤维	0.05～0.055	丙纶纤维	0.221～0.302
黏胶纤维	0.055～0.071	氯纶纤维	0.042
醋酯纤维	0.05	静止空气	0.027
锦纶纤维	0.244～0.337	水	0.697

附录 6　毛织物部分代表产品规格

品名	原料（%）	线密度（tex）	参考细度（公支）	成品密度（根/10厘米）	织物组织	成品重量（克/平方米）
哔叽	羊毛100	22×2/22×2	45/2×45/2	297×254	2/2斜纹	270
哔叽	羊毛100	26×2/26×2	38/2×38/2	288×250	2/2斜纹	311
啥味呢	羊毛100	22×2/22×2	46/2×46/2	321×264	2/2斜纹	271
华达呢	羊毛100	20×2/20×2	50/2×50/2	451×244	2/2斜纹	305

（续表）

品名	原料（%）	线密度（tex）	参考细度（公支）	成品密度（根/10厘米）	织物组织	成品重量（克/平方米）
华达呢	羊毛100	18×2/18×2	56/2×56/2	404×223	2/1斜纹	250
缎背华达呢	羊毛100	19×2/19×2	52/2×52/2	602×262	11枚7飞变化缎纹	392
牙签条单面花呢	羊毛100	14×2/14×2	70/2×70/2	503×391	3/1. 1/3经二重组织	287
板司花呢	羊毛100	26×2/26×2	39/2×39/2	297×254	2/2方平组织	308
毛涤薄花呢	羊毛50 涤纶50	13×2/13×2	76/2×76/2	264×225	平纹	137
凡立丁	羊毛100	19×2/19×2	52/2×52/2	243×204	平纹	187
派力司	羊毛100	17×2/25	58/2×40/1	282×225	平纹	161
贡呢	羊毛100	21×2/21×2	48/2×48/2	510×244	3/2. 1/2急斜纹	347
色子贡	羊毛100	19×2/19×2	54/2×54/2	352×282	10枚7飞变化缎纹	261
驼丝锦	羊毛100	17×2/21	60/2×48/1	551×417	13枚4飞变化缎纹	303
巧克丁	羊毛100	22×2/22×2	45/2×45/2	550×240	5/1. 3/1. 5/2. 1/1. 1/2急斜纹	380
马裤呢	羊毛100	22×2/22×2	45/2×45/2	492×252	4/1. 2/2. 1/2. 1/1急斜纹	364

附录 7　本色棉布部分产品规格

棉布编号	产品名称	幅宽(cm)	经纬纱线密度（tex）（英支支数）	经纬密度（根/10厘米）	无浆干重（克/平方米）	织物组织
101	粗平布	91.5	58/58（10×10）	181×141.5	186.2	平纹
102	粗平布	91.5	58/58（10×10）	185×181	212.9	平纹
103	粗平布	91.5	48/58（12×10）	200.5×183	202.4	平纹
104	粗平布	91.5	48/58（12×10）	212.5×181	208.0	平纹
105	粗平布	96.5	48/48（12×12）	181×173	169.4	平纹
106	粗平布	91.5	48/44（12×13）	204.5×204.5	190.6	平纹
107	粗平布	106.5	48/44（12×13）	232×204.5	208	平纹
108	粗平布	91.5	42/48（14×12）	208.5×204.5	185.4	平纹
109	粗平布	91.5	42/48（14×12）	233×204.5	196.7	平纹
110	粗平布	91.5	42/42（14×14）	188.5×188.5	156.4	平纹
170	细平布	96.5	19.5/19.5（30×30）	267.5×236	95.6	平纹
171	细平布	96.5	19.5/19.5（30×30）	267.5×267.5	101.8	平纹
172	细平布	96.5	19.5/19.5（30×30）	287×271.5	107.3	平纹
196	细平布	99	14/14（42×42）	362×346	97.5	平纹
197	细平布	98	13/13（44×44）	350.5×334.5	87.6	平纹
198	细平布	91.5	14×2/28（42/2×21）	297×283	164	平纹
290	全线府绸	91.5	J10×2/J10×2（J60/2×J60/2）	433×251.5	136.2	平纹
294	全线府绸	99	J7×2/J7×2（J80/2×J80/2）	511.5×291	112.1	平纹
298	全线府绸	99	J6×2/J6×2J100/2×J100/2）	610×299	108.3	平纹

附录 8 常用棉毛布主要规格

产品	18 tex（32英支）棉毛布		14 tex（42英支）棉毛布		19.5 tex（30英支）腈纶棉毛布	
	15～17英寸筒径	18～23英寸筒径	15～17英寸筒径	18～23英寸筒径	15～17英寸筒径	18～23英寸筒径
匹重（kg）	10（±0.5）	11（±0.5）	8.5（±0.5）	9.5（±0.5）	7.5（±0.5）	8.5（±0.5）
幅宽（cm）	40～45	47.5～60	37.5～42.5	45～57.5	37.5～42.5	45～57.5
匹长（m）	60.47～52.98	55.09～43.00	71.02～61.88	65.90～50.99	42.52～37.20	40.21～31.14

附录 9 常用原料织物的熨烫温度

原料名称	直接熨烫温度（℃）	垫干布熨烫温度（℃）	垫湿布熨烫温度（℃）
棉	175～195	195～220	220～240
麻	185～205	205～220	220～250
毛	160～180	185～200	200～250
真丝	155～165	180～190	190～220
涤纶	150～170	185～195	195～220
锦纶	125～145	160～170	190～220
腈纶	115～135	150～160	180～210

附录 10 不同洗涤剂的选用

洗涤剂名称	特点	适用对象
一般肥皂	碱性	棉、麻及与其混纺的织物
皂片	中性，总脂肪含量83%～84%	精细丝织品和毛织品
一般洗衣粉（20、30型）	碱性	棉、麻和人造纤维织品
通用洗衣粉（30型）	中性	丝、毛、合成纤维和各种混纺织品
加酶洗衣粉	能分解奶汁、肉汁、酱油、血等斑渍	化纤、毛、棉、麻等较脏的纺织品
含有荧光增白剂的洗衣粉和肥皂	增加织物洗后的白度和光泽	适用于浅色织物，特别是夏季服装和各种床上用品

（续表）

洗涤剂名称	特点	适用对象
高级洗衣液	有强效洁力和除菌成分，在任何水温下都能洗净衣物，护色护手	适用各类衣料，尤其是毛、棉、麻等的精细织物
羊毛专用洗涤剂	专门配方，具去污和改善性能双重作用	特别适用于各种纯羊毛织物
丝绸专用洗涤剂	专门配方，性温和，对织物损伤少，洗后艳洁	适用于各种丝绸织物，特别是轻薄、细软的真丝织物

附录 11　各种衣物适宜的洗涤温度

大类	品种	洗涤温度	大类	品种	洗涤温度
棉	白色、浅色	50℃～60℃	化纤	黏胶	微温或冷水
	印花、深色	45℃～50℃		涤纶及混纺	40℃～50℃
麻	易褪色	40℃左右		锦纶及混纺	30℃～40℃
	素色、本色	40℃左右		腈纶及混纺	30℃左右
丝	印花	35℃左右		维棉混纺	微温或冷水
	绣花	微温或冷水		丙纶及混纺	微温或冷水
毛	一般	40℃左右		经树脂整理	30℃～40℃
	拉毛	微温			

附录 12　各类经编针织物主要规格

产品	坯布每平方米重量（g）	成品幅宽（m）		坯布匹重（kg）	每匹布长度（m）	
		服装用	售布		服装用	售布
外衣布	薄型 140～160 中型 170～190 厚型 200～280	1.8～2.0 1.8～2.0 1.8～2.0	1.5 1.5 1.5	10 10 10	33～37 28～31 22～26	42～48 35～39 27～33
衬衫布 裙子布	薄型 80～90 中型 90～100	1.8～2.0 1.8～2.0	1.5 1.5	10 10	60～70 50～60	74～83 66～74
头巾布 网眼布	15～28 140～160	1.68～1.8 1.5		5 12	120～160 50～70	

附录 13　服装下摆、领口、袖口针织物的主要规格

产品	绒布			棉毛布			汗布	
	下摆	领口	袖口	下摆	领口	袖口	下摆	领口
匹长（m）	27.5～41	32.8～37.8	39.5～57	25.9～36.5	43.75～46.2	29.25～56	42.5～60	79.1～84.7
匹重（kg）	7.5±0.5	3.5±0.5	2.5±0.5	5.0±0.5	3.5±0.5	1.30±2.0	5.0±0.5	3.5±0.5

附录 14　国际通用洗涤方法标识

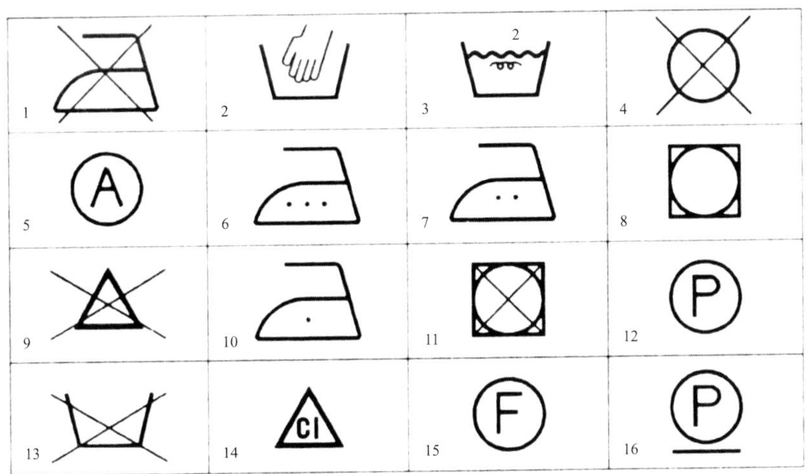

国际通用洗涤方法标识说明：

1. 切勿用熨斗熨烫。

2. 只能用手搓洗，不能机洗。

3. 波纹曲线上的数字，表示洗衣机应该使用的速度（通常洗衣机有9种洗衣速度）。波纹曲线下的数字表示使用水的温度（摄氏）。

4. 不可干洗。

5. 可以干洗，圆圈内的字母，表示干洗剂的符号。“A”表示所有类型干洗剂均可使用。

6. 熨斗内三个点数表示熨斗可以十分热（可高达200℃）。

7. 衣服可以熨烫，熨斗内两个点表示熨斗可热至150℃。

8. 可以放入滚筒式干衣机内处理。

9. 不可使用含氯成分的漂剂。

10. 应使用低温熨斗熨烫（约100℃）。

11. 不可使用干洗机。

12. 可以干洗。“P”表示可以使用多种类型的干洗剂（主要供洗染店参考，避免出差错）。

13. 不可用水洗涤。

14. 可使用含氯成分的洗涤剂洗，但需倍加小心。

15. 可以洗涤，“F”表示可用白色酒精和11号洗衣粉洗涤。

16. 干洗时需倍加小心（如不宜在普遍的自动化洗衣店洗涤）。其下面的横线则表示对干洗过的衣服处理需十分小心。

附录15　我国规定的服装洗涤标识

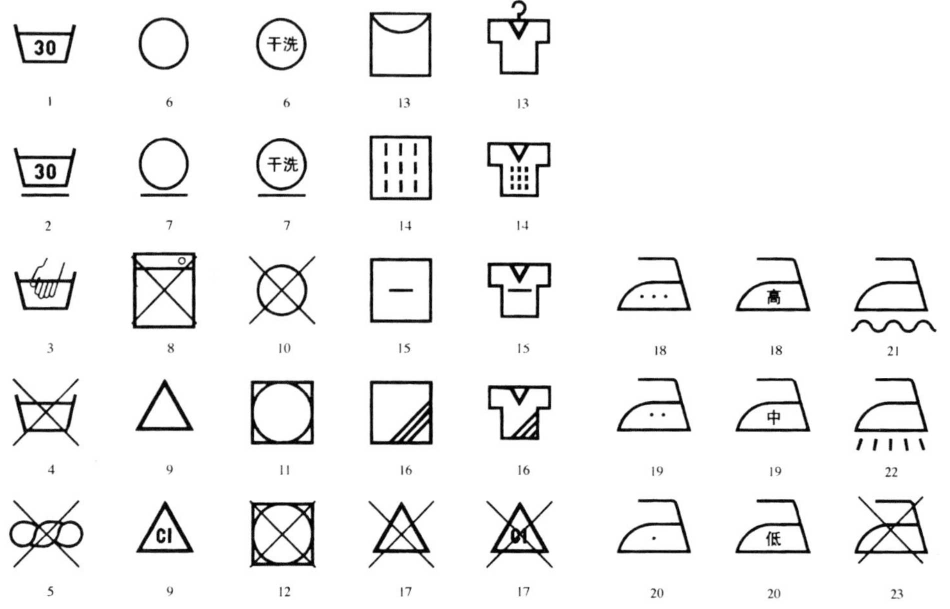

说明：

1. 可以水洗，“30”表示洗涤水温，可分别为30℃、40℃、50℃、60℃、70℃、95℃等。

2. 可以××℃水洗，但要充分注意。

3. 只能用手洗，切勿用机洗。

4. 不可用水洗涤。

5. 洗后不可拧绞。

6. 可以干洗。
7. 可以干洗，但需加倍小心。
8. 切勿用洗衣机洗涤。
9. 可以使用含氯的漂剂。
10. 不可干洗。
11. 可转笼翻转干燥。
12. 不可转笼翻转干燥。
13. 可以晾晒干。
14. 洗涤后滴干。
15. 洗后将服装铺平晾晒干。
16. 洗后阴干，不得晾晒。
17. 不得用含氯的漂剂。
18. 可使用高温熨斗熨烫（可高至200℃）。
19. 可用熨斗熨烫（两点表示熨斗温度可热至150℃）。
20. 应使用低温熨斗熨烫（约100℃）。
21. 可用熨斗熨烫，但需垫烫布。
22. 用蒸汽熨斗熨烫。
23. 切勿用熨斗熨烫。

附录16 常用原料标记代号

原料名称	棉	麻	真丝	羊毛	人造纤维	黏胶	涤纶	锦纶	腈纶	氨纶
标记代号	C	L	SILK	W	R	V	T	N	A	SP

附录17 常见纤维燃烧特征表

纤维名称	**燃烧状态**	**气味**	**灰烬**
棉纤维	靠近火焰不缩不熔，接触火焰迅速燃烧，黄色火焰缓慢移动，离开火焰能继续燃烧	烧纸的气味	灰烬呈线状，灰白色，少而细软，手触易成粉状
麻纤维	同上	同上	同上

（续表）

纤维名称	燃烧状态	气味	灰烬
黏胶纤维	靠近火焰立即燃烧，且速度很快，橘黄色火焰	烧纸的气味	灰烬很少，呈灰白色
羊毛纤维	靠近火焰收缩不熔，接触火焰冒烟燃烧，燃烧时有气泡产生，离开火焰能继续燃烧，有时自行熄灭，火焰为橘黄色	烧羽毛的臭味	灰烬多，为松而脆的黑色硬块。手压易碎，颗粒较粗
蚕丝	靠近火焰先卷缩，不熔，接触火焰缓慢燃烧，离开火焰自行熄灭，火焰为橘黄色，很小	烧羽毛的臭味	黑褐色小球，手压易碎，为细小颗粒
醋酯纤维	靠近火焰先熔化，接触火焰缓慢燃烧，并有深褐色胶状液，能迅速凝固成黑色有光泽的硬块	刺鼻的醋酸味	黑色有光泽，硬块能压碎
涤纶	靠近火焰收缩熔化，接触火焰熔融燃烧，离开火焰继续燃烧，火焰呈黄白色，很亮	有难闻的芳香味	黑褐色不定型的硬块，不能压碎
锦纶	靠近火焰收缩熔化，接触火焰熔融燃烧，离开火焰继续燃烧，燃烧时不断有熔融物滴下，趁热能拉成细丝，火焰很小并伴有蓝色火焰	难闻的刺鼻气味	黑褐色透明圆球，不能压碎
腈纶	靠近火焰收缩，接触火焰迅速燃烧，离开火焰继续燃烧，火焰为明显的亮黄色，闪光，燃烧时有急促的“呼呼”声	辛酸的刺鼻气味	不规则、硬而脆的黑色块状
维纶	靠近火焰收缩软化，接触火焰燃烧，离开火焰继续燃烧，火焰猛烈，有黑色浓烟	难闻气味	不定型黑褐色小硬块，可压碎
丙纶	靠近火焰收缩熔融，接触火焰缓慢燃烧，离开火焰继续燃烧，熔融物趁热也可拉成丝	石蜡气味	褐色透明硬块，可压碎
氯纶	靠近火焰收缩软化，接触火焰难以燃烧，离开火焰自行熄灭	氯气的刺激味	硬而脆的黑色硬块

附录 18　常用面料名称中英文对照

（一）原料

纺织原料 textile raw materials

天然纤维 natural fibre

化学纤维 chemical fibre

植物纤维 vegetable fibre

纺织纤维 textile fibre

人造纤维 man-made fibre

动物纤维 animal fibre

（二）面料

1. 机织物服装面料

平纹布 plain cloth

牛津布 oxford

斜纹布 drill

线卡 ply-yarn drill

哔叽 serge

灯芯绒 corduroy

起绒布 fleece

泡泡纱 seersucker

麻纱 hair cords

亚麻布 linen cloth

绸 silk

粗纺毛织物 woolen cloth

全毛单面华达呢 woolen one-side gabardine

凡立丁 valitin

啥味呢 worsted flannel

精纺花呢 worsted fany suiting

法兰绒 flannel

大衣呢 overcoat suiting

交织物 mixed fabric

府绸 poplin

青年布 chambray

纱卡 single yarn drill

华达呢 gabardine

牛仔布 denim

平绒 velveteen

绉布 crepe

巴厘纱 voile

苎麻布 ramie fabric

电力纺 electricity texture

精纺毛织物 worsted fabric

全毛华达呢 pure wool gabardine

驼丝锦 doeskin

女士呢 ladies cloth

粗花呢 tweed

2. 针织物面料

纬编针织物 weft-knitted fabric

单面针织物 single knit fabric

纬平针织物 plain knit fabric

双罗纹针织物 interlock fabric

毛圈针织物 terry knitted fabric

双梳栉经编针织物 two-bar fabric

经编针织物 warp-knitted fabric

双面针织物 double knit fabric

罗纹针织物 rib knit fabric

双反面针织物 purl fabric

长毛绒针织物 high pile knitted fabric

提花针织物 jacquard knitted fabric

多梳栉经编针织物 multi-bar fabric

（三）辅料

1. 衬

树脂衬 resin interlining

麻布胸衬 breast canvas

树脂领衬 resin collar interlining

绒布胸衬 breast fleece

热熔衬 fusible interlining

黏合衬 adhesive-bonded interlining

双面黏合衬 double-faced adhesive interlining

无纺布衬 non-woven interlining

无纺黏合衬 non-woven adhesive interlining

有纺黏合衬 adhesive woven interlining

黑炭衬 hair interlining

马尾衬 horsehair interlining

化纤衬 chemical fibre interlining

针织衬 knitted interlining

2. 填料

棉花 cotton

人造棉 artificial cotton

喷胶棉 polyester wadding

丝棉 silk wadding

腈纶棉 acrylic staple fibre

羽绒 down

3. 线、扣、拉链

线 thread

纽 button

拉链 zipper

装饰带 fashion tape

领钩 collar clasp

搭钩 agraffe

橡筋 elastic ribbon